H.Ju. Ismajlova

Realizações dos cientistas do Azerbaijão no desenvolvimento do cracking catalítico

H.Ju. Ismajlova

Realizações dos cientistas do Azerbaijão no desenvolvimento do cracking catalítico

ScienciaScripts

Imprint
Any brand names and product names mentioned in this book are subject to trademark, brand or patent protection and are trademarks or registered trademarks of their respective holders. The use of brand names, product names, common names, trade names, product descriptions etc. even without a particular marking in this work is in no way to be construed to mean that such names may be regarded as unrestricted in respect of trademark and brand protection legislation and could thus be used by anyone.

Cover image: www.ingimage.com

This book is a translation from the original published under ISBN 978-620-7-80507-5.

Publisher:
Sciencia Scripts
is a trademark of
Dodo Books Indian Ocean Ltd. and OmniScriptum S.R.L publishing group

120 High Road, East Finchley, London, N2 9ED, United Kingdom
Str. Armeneasca 28/1, office 1, Chisinau MD-2012, Republic of Moldova, Europe
Printed at: see last page
ISBN: 978-620-7-85145-4

REALIZAÇÕES DOS CIENTISTAS DO AZERBAIJÃO NO DESENVOLVIMENTO DO CRACKING CATALÍTICO

Ismailova H.Yu.

CONTENTE

Palavras-chave

Craqueamento catalítico, indústria de refino de petróleo , conquistas, desenvolvimento da ciência, modernização de plantas, profundidade de processamento, fração de gasolina, rendimento, número de octanas, aumento

1. SOBRE A HISTÓRIA DA EDUCAÇÃO E DESENVOLVIMENTO DA QUÍMICA E DA CIÊNCIA PETROQUÍMICA NO AZERBAIJÃO

Hoje, na economia nacional do Azerbaijão, não há indústria onde os produtos da indústria química não sejam utilizados.

Na era do apogeu do progresso científico e tecnológico, a ciência química e a indústria petroquímica estão se desenvolvendo rapidamente e alcançando novos sucessos.

No Azerbaijão, a ideia de química é muito antiga. Tanto em alguns países orientais como no Azerbaijão, a criação da química como ciência começou com a mineração de minério e o processamento de metais. A metalurgia, sendo a área mais importante da indústria, está por sua vez associada às transformações químicas.

Para determinar a história da química como ciência, escavações arqueológicas foram realizadas no Azerbaijão nos últimos anos e, tendo estudado um grande número de amostras materiais e culturais que datam do Neolítico, do Bronze, do Ferro e da Idade Média, os cientistas têm chegamos à conclusão de que a utilização do metal remonta ao final do 4º milénio, início do 3º milénio. Segundo arqueólogos do antigo Azerbaijão, o primeiro contato da população com o metal começa com o minério de cobre /6-18/.

Nas montanhas do Cáucaso Menor, localizadas no território do Azerbaijão, existem depósitos de minério de cobre. Os métodos de obtenção de cobre deles eram conhecidos por nossos ancestrais; Foi estabelecido que já no 2º milênio , o Azerbaijão era caracterizado por uma cultura mais elevada do bronze, e antes do Natal do 1º milênio, a Idade do Ferro começou.

Os depósitos de minério de ferro mais importantes estavam localizados em Karabakh, especialmente perto da vila de Bayan, no distrito de Ganja. Esta informação chegou até nós nos trabalhos científicos do historiador Gamdullah Gazvini.

No estado de Manna, localizado no território do antigo Azerbaijão, foram extraídos cobre, ouro, prata e outros metais. O historiador albanês M. Kalankaituklu escreveu: "Este país possui todos os recursos minerais possíveis. Ouro, prata, cobre e argila pura são extraídos nas montanhas"/6/.

Na Idade Média no Azerbaijão, a ciência médica teve uma influência positiva no desenvolvimento da química aplicada. Naquela época, junto com os fitoterápicos, também se utilizavam substâncias medicinais preparadas à base de óleo, mercúrio e enxofre.

Figuras proeminentes da ciência da Idade Média, o famoso médico e cientista químico Abu Ali Ibn Sina, e as ideias científicas do cientista Nasreddin Tusi, que possuía conhecimento enciclopédico, deram uma grande contribuição para o desenvolvimento da ciência química no Azerbaijão; fundador da química médica e aplicada Omar Osmanoglu.
No século 7 , no Azerbaijão, Omar Osmanoglu foi filósofo, matemático, químico e médico.

O petróleo desempenha um papel importante na educação e no desenvolvimento da ciência e da indústria química - a produção de petróleo tem uma história antiga como um recurso natural valioso no Azerbaijão. O Azerbaijão é conhecido como "a terra do ouro negro e a terra do fogo". As primeiras informações sobre a produção do petróleo do Azerbaijão e sua utilização para diversos fins encontram-se nas obras do cientista e viajante árabe Masudi, que viveu no século X. Mesmo na antiguidade, o petróleo era usado principalmente como combustível e medicamento para tratamento /6/.

Nos últimos 100 anos, o Azerbaijão, localizado numa posição geográfica vantajosa, no desenvolvimento de ricas reservas de petróleo e gás, na implementação de grandes projectos de exportação de petróleo para o mercado mundial, transformou-se hoje num centro geopolítico para a intersecção de interesses dos Estados Unidos, dos países europeus e asiáticos. Assim, a indústria petrolífera do Azerbaijão constitui um elemento importante da sua vida económica e política. Pela primeira vez no mundo (11 anos antes dos Estados Unidos), no Azerbaijão, em 1848, o engenheiro russo Semenov perfurou um poço de petróleo utilizando um método técnico. Depois disso, em 1863, começaram a perfurar mecanicamente um poço de petróleo na ilha de Pirallahi. Em 1869, em Balakhany, mestre Allahyar, ao perfurar um poço mecanicamente, a uma profundidade de 10-15 metros, ouviu-se um forte rugido, assustado com isso, o mestre e os operários fecharam o poço. Três anos depois, em 1871, um poço foi perfurado em Balakhany usando um método técnico, que produziu 45.000 poods (700 toneladas) de petróleo por dia /5/.

No final do século XVIII , em meados do século XI , o Barão alemão Thomas lançou as bases para a produção de petróleo fotogénico (petróleo leve) no Azerbaijão.

Pela primeira vez em 1863, o técnico de Baku, Javad Melikov, começou a produzir querosene (óleo branco). Desde a década de 60 do século XI , foram construídos tanques de refino de petróleo em Baku para produção industrial . Em Baku, já no final da década de 70 do século XI , particulares e empresas contavam com cerca de duas mil refinarias de petróleo. Deve-se notar que no século 11 o Império Russo extraiu petróleo nas aldeias da Península Absheron. Foi este facto que lançou as bases para o desenvolvimento da indústria petrolífera russa /18/.

Em 1872, 5 milhões de toneladas de petróleo foram produzidas nas aldeias de Baku e, em 1900, mais de 661 milhões de toneladas de petróleo, o que representa 95% de todo o petróleo produzido na Rússia e mais da metade do petróleo produzido em todo o mundo. Foi a produção de querosene (óleo branco) em 1873 que atingiu 1.500 toneladas. No mesmo ano, o técnico de Baku, A. Tebrizov, desenvolveu um processo para produção contínua de petróleo. Em 1875, a produção de querosene em Baku atingiu 847,7 mil poods. Em 1901, esse número atingiu 2.500.000 poods/5/.

A grande produção de petróleo no Azerbaijão atraiu a atenção e o interesse de países estrangeiros.

Os grandes países do mundo competiram entre si pelo petróleo do Azerbaijão. Grandes empresas migraram para Baku, como: " StandartOyl ", American D. Rockefeller , " RoyalDeycaSall " sob a liderança de G. Detelnitz da Inglaterra, "Khazar-Mar Negro" e " Mazut" do judeu Rothschild da França, o sindicato suíço " Nobel Brothers". a empresa Nobel Brothers no Azerbaijão teve um papel tão significativo quanto a empresa StandardOyl para os EUA. Eles organizaram uma grande empresa petrolífera "Partnership ", os fundadores desta empresa foram os irmãos Ludwig, Robert, Alfred Nobel e seu amigo Peter Bilderling /5-12/.

No final do século XI , no Império Russo, o chefe da empresa, Ludwig Nobel, recebeu o nome de "rei do petróleo" /18/. Em Baku, proprietários de uma refinaria de petróleo, os irmãos Nobel transportavam querosene por via marítima através do Mar Cáspio até os centros industriais da Rússia e exportavam-no para o exterior. Na Rússia, as vendas de querosene desta empresa totalizaram 50,1%. Ao longo dos anos, esse número chegou a 80,3%.

No século XI , no Azerbaijão, a indústria de produção e refinação de petróleo desenvolveu-se num único sistema económico; o seu destino estava inextricavelmente ligado aos sucessos e fracassos do processo tecnológico da época; Em termos de tecnologias, investigação científica e equipamentos criados, o Azerbaijão não fica atrás dos padrões mundiais, mas também está à frente em muitos aspectos /5/.

2. *O PAPEL DOS NOSSOS CIENTISTAS NO DESENVOLVIMENTO HISTÓRICO DA QUÍMICA E DA CIÊNCIA PETROQUÍMICA NO AZERBAIJÃO*

O desenvolvimento da indústria petroquímica e de refinação de petróleo no Azerbaijão esteve intimamente ligado ao trabalho de investigação dos cientistas que trabalham nesta área. A história do desenvolvimento da ciência mostra que o trabalho de um pesquisador não é nada fácil. Combina muitos anos de observações científicas, pesquisas científicas e práticas. A história da ciência reflete a grandeza do trabalho, a nobreza e o profundo conhecimento científico dos cientistas em materiais sobre a brilhante e rica criatividade dos cientistas.

Hoje, atenção especial deve ser dada ao estudo do desenvolvimento histórico da ciência química e da indústria petroquímica do Azerbaijão. É nosso dever informar o mundo inteiro e os nossos futuros descendentes sobre o nobre trabalho dos cientistas e figuras científicas que trabalham nesta área, a sua brilhante memória na história da ciência.

No desenvolvimento da química e da ciência petroquímica, cientistas - químicos - Yu.G. Mamedaliev, M.F.Nagiev, V.S.Aliev, G.G. I.M.Orujova, B.K.Zeynalov, S.A.Sultanov, V.M.Abbasov, A.G.Azizov, N.M. Seidov, M.A. Akhmedov, F.I. Samedova , T.N. hoje o problema mais significativo e principal do nosso tempo é escrever a história das ciências naturais e técnicas no âmbito das humanidades. Pesquisas valiosas no campo do refino de petróleo, descobertas e invenções de cientistas do Azerbaijão, bem como livros sobre a criatividade de suas vidas, podem ocupar um lugar significativo no desenvolvimento da ciência química e da indústria petroquímica do Azerbaijão /22/.

Em 1960, o livro "Desenvolvimento da Ciência no Azerbaijão" publicado pelo acadêmico Yu.G. Mamedaliyev sobre a história da ciência ainda não perde sua relevância e significado hoje, e é considerado um trabalho valioso sobre a história da ciência /17/.

Neste livro, o Acadêmico Yu.G Mamedaliev apontou que o desenvolvimento da química como ciência começa no século XII . Ele escreveu: "O povo do Azerbaijão criou uma galáxia de cientistas , pensadores e poetas. Eles enriqueceram a cultura e a ciência mundiais com criações maravilhosas do gênio humano."

Ele escreveu ainda: "... os grandes pensadores do século 10 Abulhasan Bakhmanyar ibn Marzban e Khatib Tabrizi, o notável astrônomo do século 12 Farieddin Ali ibn Abdul Karim Shirvani e o famoso engenheiro, cientista Emireddin Masud Nakhchievani, o médico e filósofo do século XII, Efzaladdin Abulmelik Khunji deixou os trabalhos científicos mais valiosos que sobreviveram até hoje ». /17/.

Em seu livro, o acadêmico Yu.G. Mamedaliyev forneceu informações detalhadas sobre as atividades científicas dos químicos azerbaijanos Movsum-bek Khanlarov e Sadikh Huseynov /17/.

Os anos passam e a ciência química no Azerbaijão está a desenvolver-se rapidamente, o número de cientistas que trabalham nesta área está a aumentar. Atualmente, o papel do pessoal nacional no desenvolvimento da ciência química é satisfatório.

O Azerbaijão, sendo um país produtor de petróleo, cria condições favoráveis para o desenvolvimento da química do petróleo e do refino de petróleo. Hoje, como antes, entre os químicos científicos do Azerbaijão podemos citar com orgulho os nomes - A.M. Maharramov, V.M. Akhmedov, F.I. Samedova E.T. Suleymanova e outros. Deve-se notar que a pesquisa científica fundamental em andamento no desenvolvimento da ciência química ganhou fama não apenas no Azerbaijão, mas em todo o mundo.

Acadêmico V.S., que mora no Azerbaijão há muitos anos. Gutyrya, juntamente com outros cientistas do Azerbaijão, conduziu pesquisas teóricas e práticas precisas sobre vários catalisadores de aluminossilicato para processos de conversão de hidrocarbonetos e desenvolveu métodos industriais para craqueamento catalítico em um catalisador de "leito fluidizado" /3/.

No início de sua carreira, o Acadêmico V.S. Gutyrya obteve sucesso no desenvolvimento de uma técnica de craqueamento em fase líquida. Então, em meados da década de 30 do século XX , (junto com M.A. Dalin), desenvolveu um novo processo tecnológico moderno para a produção de álcool etílico a partir de gases de petróleo e participou ativamente de sua implementação industrial.

O notável cientista V.S. Gutyrya trabalhou por muitos anos e liderou um dos grandes laboratórios do Instituto de Pesquisa Científica para Refino de Petróleo do Azerbaijão em homenagem a V. Kuibyshev (atual Instituto de Processos Petroquímicos em homenagem ao Acadêmico Yu.G. Mamedaliev da ANAS).

Trabalhando no Azerbaijão, o acadêmico V.S. Gutyrya escreveu e publicou trabalhos científicos e monografias "Craqueamento e reforma de produtos petrolíferos usando um catalisador de aluminossilicato" (1944), "Purificação catalítica de destilados de reforma térmica" (1946), "Pesquisa na área de craqueamento catalítico de matéria-prima de petróleo usando leito fluidizado tecnologia "(1962) /3-6/.

Mesmo durante a Segunda Guerra Mundial , a grande tarefa de abastecer a frente com combustível recaiu sobre os trabalhadores petrolíferos do Azerbaijão.

Durante a guerra, Baku movia aviões e tanques a petróleo, resultando no fim da guerra. Deve-se dizer com orgulho que durante a Segunda Guerra Mundial, os petroleiros e cientistas do Azerbaijão , usando uma série de invenções na indústria de refino de petróleo, forneceram combustível e óleos lubrificantes ao exército soviético. Cientistas e engenheiros do Azerbaijão desenvolveram uma tecnologia para a produção de gasolina de alta octanagem. Naqueles anos, 75 milhões de toneladas de petróleo, 22 milhões de toneladas de gasolina e outros derivados de petróleo foram enviados para o Fundo da União /6-12/.

Em 1941-1945, cientistas do atual Instituto de Processos Petroquímicos em homenagem a Acad. SUL. Mamedaliyev ANAS criou muitas invenções e descobertas.

Durante a Grande Guerra Patriótica, os sucessos do académico Yu.G. Mamedaliev na produção de substâncias explosivas e de gasolina de alta octanagem e combustível para aviões desempenharam um papel enorme na vitória sobre o fascismo.

Durante os anos de guerra, um grupo de cientistas conduzindo pesquisas ativas foi liderado por Ali Kuliyev. Para obter uma série de explosivos, desenvolveram processos adequados e organizaram a produção de ampolas explosivas em larga escala em garrafas /6/.

Nas décadas de 60-70 do século XX, sob a liderança dos acadêmicos V.S. Aliyev e M.I. Rustamov, juntamente com a melhoria dos processos de craqueamento catalítico em um "leito fluidizado" com um catalisador finamente disperso, foram desenvolvidos métodos intensivos de craqueamento catalítico de matérias-primas de petróleo. desenvolvido.

Os acadêmicos V.S. Aliev e M.I. Rustamov desenvolveram várias modificações em sistemas de reatores com fluxos descendentes e semi-passantes, o que possibilitou a implementação do processo de craqueamento catalítico em dois estágios. Os autores investigaram exaustivamente o desenvolvimento de um processo de craqueamento catalítico de fluxo semi-passante de dois estágios com propriedades tecnológicas e térmicas dinâmicas de gás e introduziram o processo na indústria. Juntamente com os coautores, pela primeira vez no mundo, foram desenvolvidos processos de desidrogenação catalítica para obtenção de monoolefinas por desidrogenação de hidrocarbonetos parafínicos C_4-C_5 "em leito fluidizado" em um catalisador fino K-5 /22/.

A introdução deste processo na indústria contribuiu para a redução da produção de divinil a partir do álcool e, assim, ao produzir divinil a partir do álcool sintético, o custo da borracha diminuiu 35% e o capital investido na construção da fábrica diminuiu 40-50 %. No processo desta aplicação, o lucro económico ascendeu a dezenas de milhões de manats por ano /2/.

Este processo foi aplicado em muitas fábricas industriais de borracha sintética da antiga União Soviética - em Sumgait, Sterlitamak, Kuibyshev, Omsk, também na Roménia.

Sob a liderança do Acadêmico V.S. Aliyev, foram realizadas pesquisas valiosas e, a partir delas, foram criados processos tecnológicos que contribuíram para a criação de uma base material para a produção de combustíveis para motores de alta qualidade. O acadêmico V.S. Aliyev, ao estudar destilados de matérias-primas petrolíferas, resíduos petrolíferos e petróleo bruto, contribuiu para aumentar as reservas de matérias-primas.

Dois processos desenvolvidos pelo cientista (craqueamento catalítico em dois estágios e método de processamento de alunita), licenciados e protegidos por certificado de autor do Comitê de Patentes e Descobertas da URSS, foram vendidos para a República Popular da Bulgária e os EUA /23 /.

Um proeminente cientista, o acadêmico M.I. Rustamov, um dos primeiros pesquisadores em modelagem matemática e otimização de processos de refino de petróleo.

Ele desenvolveu modelos matemáticos determinísticos de processos de craqueamento catalítico de decapagem a vácuo, óleo combustível e óleo, resolveu problemas de otimização sob condições de fluxo de processo instável e compilou esquemas de controle para esses processos.

Sob a supervisão direta do Acadêmico M.I. Rustamov, foram realizados trabalhos de pesquisa sobre a teoria e implementação prática de processos catalíticos com um catalisador finamente disperso, ele lançou as bases para o desenvolvimento de um sistema tecnológico para a desidrogenação de butano em butilenos; de o-xileno em anidrido ftálico e sistemas tecnológicos progressivos para craqueamento catalítico de diversos tipos de matérias-primas petrolíferas. A utilização de diversas modificações nos sistemas de reatores por ele desenvolvidos com fluxos ascendentes e semi-passivos possibilitou aumentar a produtividade específica. do aparelho de reação em 8 a 10 vezes, aumentando significativamente a seletividade do processo de craqueamento catalítico em comparação com a opção de implementá-lo em sistemas com "leito fluidizado" de catalisador. Na ciência tecnológica, M.I. Rustamov foi o primeiro a introduzir conceitos como "índice de fluidez", "concentração crítica de fluido de partículas finas", "fluxo semi-passante" /22-23/.

Por muitos anos, o acadêmico M.I. Rustamov liderou pesquisas no desenvolvimento de novas tecnologias eficazes em refino de petróleo e processos petroquímicos que encontraram implementação industrial.

Os processos liderados pelo cientista foram amplamente utilizados não só nas refinarias de petróleo da nossa república, mas também nas cidades da antiga União e em empresas na Roménia, Polónia e Bulgária /22-23/.

Nas décadas de 70-80 do século XX, nas pesquisas científicas do Acadêmico M.I. Rustamov e do Professor A.J. Guseinova, eles encontraram uma solução para melhorar a qualidade da gasolina para motores em escala global. Assim, pela primeira vez, a gasolina para motor AI-93 foi obtida no próprio processo de craqueamento catalítico, e foram projetadas unidades de craqueamento catalítico do tipo industrial 1-B, que encontraram aplicação na empresa de produção Azerneftyanajag em homenagem. G. Aliyeva /20/.

Acadêmico M.I. Rustamov junto com Doutor em Ciências Técnicas A.M.Seidrzaeva introduziu na indústria frações de óleo de craqueamento catalítico com a participação de ativadores e passivadores e desenvolveu esquemas de processamento complexos /23/.

Acadêmico M.I. Rustamov, Prof., Doutor em Ciências Técnicas G.T. Farkhadova, G.A. Abadzade é responsável pelo desenvolvimento de processos de hidroisomerização destrutiva e isomerização destrutiva destinados à produção de hidrocarbonetos de baixo peso molecular, que são operados com sucesso em unidades complexas de craqueamento catalítico /22/.

O desenvolvimento do processo de isomerização destrutiva abre novos aspectos do desenvolvimento do processo de craqueamento catalítico. Ao mesmo tempo, em contraste com a finalidade tradicional do processo de craqueamento catalítico, cujo objetivo é a produção de gasolina para motores, como principal processo do processo petroquímico, cujo objetivo principal é a produção de baixo peso molecular hidrocarbonetos isoparafínicos e isoolefínicos. Esses processos são chamados de isomerização destrutiva e hidroisomerização devido ao fato de não ser o hidrocarboneto original que sofre isomerização, mas sim os próprios produtos de sua clivagem (destruição) /7-8/.

O processo de hidroisomerização destrutiva, desenvolvido com a participação de um catalisador de aluminossilicato de níquel recém-sintetizado , recebeu patentes dos principais países capitais - EUA, Inglaterra, França, Canadá, Alemanha, Japão /7,8,22/.

No final do século XX, pesquisas em andamento no campo da catálise estabeleceram a relação entre as propriedades superficiais dos catalisadores contendo celite, o coque e a influência desses fatores na atividade e seletividade do processo de craqueamento catalítico. Um diferencial da pesquisa foi o estudo desses padrões nos primeiros segundos de contato da matéria-prima com o catalisador.

Os resultados obtidos permitiram modelar o catalisador de acordo com a altura do reator e regular as propriedades superficiais do catalisador através da sua coqueificação. Isso se tornou a base científica para a criação de uma tecnologia de processamento de gasolina instável e foi confirmado durante o processamento de pirocondensado no complexo de craqueamento catalítico G-43-107 /7,8,23/.

Nossos cientistas, juntamente com os principais cientistas da república, desenvolveram e propuseram um novo complexo tecnológico para refino de petróleo com uma unidade principal de craqueamento catalítico, que permite o refino ininterrupto de petróleo para produzir combustíveis e matérias-primas promissoras para a petroquímica com um número menor de etapas tecnológicas. Foi estabelecido pela primeira vez que em catalisadores iônico-líquidos , como resultado da oligomerização de C_6-C_{10}- olefinas, óleos sintéticos híbridos parafina-naftênicos com ponto de congelamento (-55 $^\circ$C-35 $^\circ$C), índice de viscosidade (VI 120) e temperatura de combustão (204-250 $^\circ$C) /7-8/.

Este trabalho, concluído no âmbito da cooperação económica entre o Azerbaijão e a Ucrânia, foi implementado pela primeira vez nos países da CEI.

Além disso, pela primeira vez na presença de CO_2, com a introdução do processo de extração supercrítica, o petróleo está sendo purificado a partir de compostos asfálticos-resinosos e metais, petróleo e seus resíduos pesados, e tecnologias ecologicamente corretas e inofensivas foram desenvolvidas .

Utilizando novas tecnologias, óleo purificado e hidrocraqueamento de resíduos de petróleo pesado, a produção de diversos derivados de petróleo e o uso de catalisadores nesses processos dão resultados efetivos. Para viabilizar a comercialização de derivados de petróleo (combustíveis e lubrificantes) no exterior e melhorar os indicadores de quantidade e qualidade, são realizadas amplas pesquisas de marketing. Deve-se levar em conta que o lucro obtido com a venda de produtos petrolíferos e petroquímicos excede em muito o lucro da venda de petróleo bruto /22/.

Atualmente, estão sendo realizados trabalhos de pesquisa para atender aos requisitos ambientais dos produtos do século XXI .

Hoje podemos observar com orgulho que a Escola Petroquímica de Baku apresentou descobertas científicas fundamentais à ciência química mundial.

Durante muito tempo, eles enriquecerão a ciência química e petroquímica mundial com os seus brilhantes sucessos.

3. PRINCIPAIS ETAPAS DO DESENVOLVIMENTO DE TRABALHOS NA ÁREA DO CRACKING CATALÍTICO

As principais etapas do desenvolvimento do craqueamento catalítico, cuja lista é apresentada nos trabalhos, são:

- transição do craqueamento catalítico em um leito catalítico estacionário para o craqueamento em leito fluidizado de um catalisador microesférico;
- desenvolvimento de um catalisador contendo zeólita;
- hidrotratamento de matérias-primas;
- craqueamento em um reator riser com fluxo ascendente de catalisador microesférico;
- regeneração do catalisador com combustão completa de CO em CO_2 no regenerador.

As conquistas mais importantes no campo do craqueamento catalítico estão inextricavelmente ligadas à descoberta da atividade catalítica dos zeólitos e à criação de catalisadores contendo zeólitos baseados neles, o que levou a um aumento acentuado no rendimento do componente da gasolina de alta octanagem . Atualmente, em nosso país, mais de 80% das unidades de craqueamento catalítico operam com catalisador contendo zeólita ou sua mistura com catalisador de aluminossilicato amorfo.

A introdução de catalisadores contendo zeólita altamente ativos e seletivos revelou a necessidade de craqueamento em reatores riser com fluxo ascendente de catalisador microesférico, como resultado do qual o uso máximo da atividade do catalisador foi alcançado com craqueamento secundário mínimo.

Atualmente, diversas opções têm sido desenvolvidas para a reconstrução de unidades reator-regeneradoras de unidades de craqueamento catalítico, visando aumentar a produtividade das matérias-primas e garantir o craqueamento eficiente das matérias-primas em um catalisador microesférico contendo zeólita. Assim, no GrozNII e INHP da Academia de Ciências da AzSSR, foi desenvolvido um esquema tecnológico que prevê o craqueamento de matérias-primas recirculadas em dois reatores de elevação vertical terminando em zonas de leito fluidizado forçado /24/.

De acordo com o esquema de craqueamento de dois estágios com reator combinado desenvolvido no VNIINP, o craqueamento das matérias-primas é realizado em um reator riser e, a seguir, em uma zona escalonada em contracorrente em contato com o catalisador fresco fornecido à seção superior.

O Instituto de Indústria Química da Academia de Ciências da AzSSR propôs o craqueamento da matéria-prima em frações de gasolina recirculada em dois reatores separados. Após a regeneração, o catalisador entra em ambos os reatores para entrar em contato com as matérias-primas e reciclar, e os produtos do craqueamento são descarregados em colunas de destilação separadas para separação.

^{o}C como recirculado, é possível obter cerca de 46% em peso de gasolina que atende aos requisitos quando apresentada com gasolina AI-93/20-21/.

Uma melhoria significativa no desempenho do processo de craqueamento catalítico é alcançada pela preparação especial de hidrogenação de matérias-primas e gasóleos circulantes (reciclagem). Ao mesmo tempo, juntamente com o aumento do grau de conversão das matérias-primas e do rendimento da gasolina, o teor de enxofre na gasolina e de óxidos de enxofre nos gases de escape diminui drasticamente.

...Grozgiproneftekhim, com base em pesquisas de GrozNII, VNIIP, INHP AN AzSSR, desenvolveu um esquema de instalação combinada, incluindo unidades para hidrotratamento de destilado a vácuo, craqueamento catalítico, retificação de produtos de craqueamento e fracionamento de gás.

Na Fig. A Tabela 1 mostra os estágios esperados com base em pesquisas para um aumento gradual no rendimento da gasolina com um rendimento constante de coque de 6% em peso.

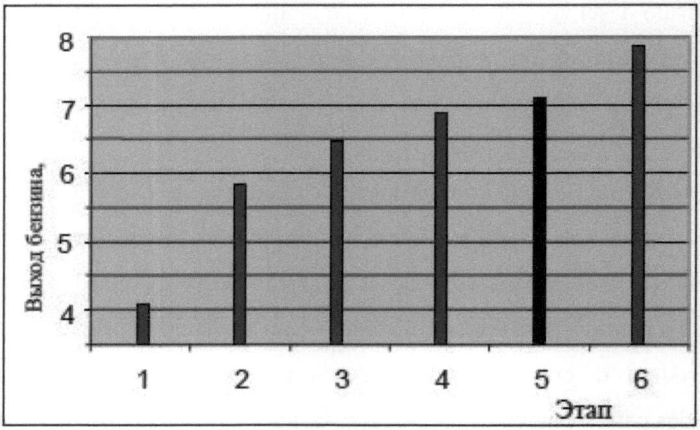

Figura 1. 1- catalisador amorfo , 2- catalisador contendo zeólita ; ; 3 - reator de elevador de operação direta ; 4 - produto hidrotratado ; 5 - produto altamente hidrotratado; 6 - gasóleo reciclado hidrotratado;

Como pode ser visto na figura, o rendimento máximo da gasolina pode chegar a 77% vol ou. ~62% em peso Supõe-se que o rendimento máximo teoricamente alcançável da gasolina durante o craqueamento catalítico é ~de 85% vol.

A importância prática dos resultados da investigação dos últimos anos (como resultado da utilização de catalisadores melhorados, alterações nas condições de craqueamento e regeneração, modernização de equipamentos) é óbvia, porque nas unidades de craqueamento catalítico existentes o rendimento da gasolina atinge apenas 48-50% por peso.

A questão da melhoria dos catalisadores é abordada em detalhes abaixo. Deve-se notar aqui que melhorar o desempenho do craqueamento catalítico também contribui para melhorar o projeto da unidade reator-regenerador. Por exemplo, de acordo com os dados, a entrada multiponto de matérias-primas no reator ascendente melhora significativamente a distribuição do catalisador e o perfil de temperatura no reator ascendente e também promove um melhor contato do catalisador com a matéria-prima. Como resultado, o grau de conversão e o rendimento da gasolina aumentam respectivamente em 2,5 e 2,0% vol, melhorando simultaneamente as características de octanas desta última.

Outra tendência importante no desenvolvimento do craqueamento catalítico é o maior peso das matérias-primas processadas - o envolvimento de óleo combustível e óleo no processamento. Deve-se notar que devido ao fato de que uma das razões para o uso limitado de óleos de craqueamento e óleos combustíveis é o alto teor de impurezas metálicas neles, a melhoria dos processos de desmetalização do catalisador torna-se uma etapa necessária no desenvolvimento do craqueamento de matérias-primas pesadas.

O processo de craqueamento catalítico é altamente flexível e, dependendo da demanda, pode ser usado para produzir quantidades máximas de gasolina ou destilados médios, ou para produzir matérias-primas petroquímicas ou alquiladas.

Considerando o intenso desenvolvimento do trabalho científico e técnico na criação de combustíveis artificiais e sintéticos, o desenvolvimento de uma versão petroquímica do processo de craqueamento catalítico é considerado como novos aspectos, como horizontes para o craqueamento catalítico. Nesse sentido, em 1973, no Instituto de Indústria Química da Academia de Ciências da AzSSR, iniciaram-se os trabalhos de desenvolvimento de uma versão petroquímica do craqueamento catalítico. Como resultado do estudo da influência de vários parâmetros no processo (temperatura, taxa de alimentação em massa da matéria-prima, peso molecular e composição da matéria-prima), foi desenvolvido um processo denominado isomerização destrutiva. O processo visa a produção de hidrocarbonetos de baixo peso molecular e isoestrutura e é realizado em reatores com fluxo ascendente do catalisador Tseokar-2 contendo zeólita. A matéria-prima ideal para o processo são os destilados de petróleo com peso molecular médio de 140-180 e contendo no máximo 16-18% de hidrocarbonetos aromáticos. Como um dos tipos de matéria-prima, o catarro de coque (fr. 160-260 °C) é envolvido com sucesso no processo.

Comparado a processos de finalidade semelhante (hidrocraqueamento, pirólise, isomerização), o processo de isomerização destrutiva pode ampliar significativamente os recursos de matéria-prima para a produção de hidrocarbonetos de baixo peso molecular de isoestrutura; presença de hidrogênio. Além disso, ao contrário dos processos de hidrocraqueamento e hidroisomerização, no processo de isomerização destrutiva, juntamente com hidrocarbonetos saturados de isoestrutura, também são obtidos hidrocarbonetos isoolefínicos. Isto é muito importante se levarmos em conta o processamento adicional dos intermediários resultantes para a síntese de monômeros.

Maximizar o rendimento de hidrocarbonetos isoolefínicos será possível minimizando o tempo de contato da matéria-prima com o catalisador ou introduzindo novos catalisadores contendo zeólita /24/.

3.1. MELHORIA DE CATALISADORES DE CRACKING CATALÍTICO POR CIENTISTAS DO AZERBAIJÃO

Conforme observado acima, a criação de catalisadores altamente eficientes e com um conjunto de propriedades que atendam aos requisitos da tecnologia moderna é de suma importância no desenvolvimento de novos processos catalíticos.

Hoje, os principais entre os novos sistemas catalíticos são os catalisadores contendo zeólitas, que substituíram os aluminossilicatos amorfos em quase todas as unidades de craqueamento catalítico, o que permitiu aumentar significativamente a profundidade de conversão das matérias-primas e, ao mesmo tempo, aumentar a seletividade no formação da gasolina, como principal produto alvo do processo.

Os primeiros catalisadores comerciais contendo zeólita continham zeólita do tipo faujasita (peneiras moleculares "A"). Atualmente, 80% dos catalisadores de craqueamento industriais contendo zeólita são feitos à base de zeólita do tipo “U” na forma de troca de terras raras, introduzida em uma matriz de aluminossilicato amorfa sintética ou sua mistura com argila de caulim.

Os maiores fabricantes de catalisadores contendo zeólita nos Estados Unidos são Davison, American Cyanamid, Philtrop Corporation, Nalio Corporation, Goodry e Mobil Oil; na Europa - a empresa "Ketjen" (Holanda).

Entre os catalisadores zeólitos americanos para craqueamento de leito móvel, deve-se destacar a série de catalisadores contendo zeólito da marca Lurabed. Usando o catalisador Lyurabed-5, foi alcançado um aumento no rendimento da gasolina em 12% vol. matérias-primas com menor formação de gás e coque. No entanto, este catalisador tinha baixa densidade aparente e resistência à abrasão. Ao produzir o próximo catalisador, "Lurabed-6", para craqueamento em leito móvel, óxido de alumínio finamente disperso (- forma) foi introduzido na matriz de almosilicato amorfa junto com zeólitas α, o que garantiu um aumento em sua densidade aparente em 7%. Vale destacar também os catalisadores de alto teor de alumina "Lyurabed-7" e "Lyurabed-8" baseados em zeólita tipo "U", cuja alta resistência também é alcançada pela introdução de Al_2O_3 altamente disperso como selante durante o processo de coprecipitação α.

Dentre os catalisadores contendo zeólita para processos de craqueamento em leito fluidizado, pode-se destacar o catalisador microesférico D-9 contendo zeólita decationizada (REE), que apresenta boa seletividade e resistência ao vapor introduzido e altas temperaturas.

Os catalisadores REE microesféricos XZ-15, XZ-25, XZ-36, XZ-40 foram obtidos por secagem por pulverização de um gel amorfo cristalino misto e são caracterizados por um alto teor de zeólita. Os catalisadores da série XZ são caracterizados por um teor de óxido de sódio drasticamente reduzido, o que é muito importante devido ao aumento do teor de zeólita, que pode aumentar significativamente a atividade e a seletividade dos catalisadores.

O catalisador contendo zeólita de alto teor de alumina H Z -1 baseado em matérias-primas naturais baratas de caulim tem alta estabilidade e alta resistência mecânica (devido à introdução de um enchimento - óxido de alumínio) e em termos de atividade está próximo do zeólito sintético - contendo catalisadores da série Dorabed.

Os catalisadores contendo zeólito HFZ-20 e HFZ-23 , contendo 52-59% em peso de óxido de alumínio, são caracterizados por alta atividade, densidade aumentada (0,86-0,90 kg/l) e teor reduzido de óxido de sódio.

Entre os catalisadores de craqueamento industrial americanos, gostaria também de mencionar o catalisador CO-1 contendo zeólita baseado em uma matriz de silicato de magnésio. Observa-se que com as mesmas atividades gerais dos catalisadores baseados em matrizes de silicato de magnésio e de aluminossilicato semissintético, a presença de silicato de magnésio afeta grandemente o rendimento dos produtos de craqueamento.

As últimas modificações dos catalisadores queimam monóxido de carbono em dióxido no regenerador (SS Z -22.44, RS Z -22.44, Koukat), ligam compostos de enxofre de óxido e dióxido de enxofre no regenerador (Rezidkat-20, Sokskat), aumentam a octanagem quantidade de gasolina (Octaket) e são resistentes ao processamento de matérias-primas com alto teor de materiais pesados (GRZ -1, Residecat-20, Residecat-30). De acordo com os dados, na presença do catalisador SS Z -22, o monóxido de carbono é quase completamente oxidado em CO_2 no regenerador, e o teor de coque residual no próprio catalisador é significativamente reduzido.

Aditivos especiais foram desenvolvidos para ligar óxidos de enxofre no regenerador, que estão incluídos em catalisadores de craqueamento contendo zeólita e não afetam sua atividade e seletividade. Os compostos contendo enxofre formados nos catalisadores, ao entrarem no reator, se decompõem para formar os aditivos iniciais de sulfeto de hidrogênio , que é removido pela purificação da etanolamina.

Juntamente com a introdução de promotores diretamente em catalisadores contendo zeólitas, no exterior, a fim de reduzir os efeitos nocivos dos metais contidos nas matérias-primas, é introduzido no reator um aditivo líquido à base de compostos de antimônio, que, sem se dissolver em produtos de craqueamento e sem interagir com o vapor d'água, é adsorvido em catalisadores contendo zeólita, evitando que sejam envenenados por metais pesados. A utilização do aditivo simultaneamente ao aumento da vida útil do catalisador permite aumentar o rendimento da gasolina em 6% e reduzir o rendimento de coque, hidrogênio e gás seco. /4/

Nos últimos anos, a empresa "Ketjen" (Holanda) vem produzindo catalisadores M Z -3, M Z -3 S com alto teor de zeólita tipo "U" na forma de terras raras. Em termos de composição, o catalisador M Z -3 se distingue por uma matriz rica em alumina e baixo teor de óxido de sódio residual. O catalisador M Z -3 S, devido ao seu menor volume de poros, é mais estável termicamente que o M Z -3./4/

A União Soviética também está a trabalhar com sucesso no desenvolvimento de catalisadores de craqueamento contendo zeólitos.

Em 1968, o primeiro catalisador contendo zeólito AMNTs-1 baseado em zeólito tipo “X” foi produzido e testado em VNIIIN, e em 1969, o catalisador Tseokar-1 foi desenvolvido em GrozNII - a primeira das modificações de terras raras do catalisador , cuja composição também utilizou zeólita "tipo" X".

Após o desenvolvimento industrial da produção de zeólita tipo "U", a partir dela, foram obtidos catalisadores industriais contendo zeólita de esferas AMNTs-3 e Tseokar-2, caracterizados por o catalisador AMNTs-3 conter zeólita tipo "U" em amônio forma, e Tseokar -2 é sintetizado com base no zeólito tipo "U" em uma forma de troca de terras raras. Como matriz em ambos estes tipos de catalisadores, é utilizado um aluminossilicato amorfo sintético contendo 6-7 % em peso de óxido de alumínio /9,10,24/.

O catalisador doméstico contendo zeólita Tseokar-2 em indicadores como atividade inicial, atividade estável, seletividade, resistência mecânica, capacidade de formação de coque está próximo da amostra estrangeira semelhante Durabed-8, perdendo apenas para ele em termos de densidade aparente (0,7 versus 0,8 g/cm3).

Atualmente, foram preparadas amostras do catalisador Tseokar-2, nas quais se consegue um aumento na densidade contratada com a introdução de cargas finas. Neste caso, foram obtidos catalisadores com uma densidade aparente de cerca de 0,3 g/cm3 · e a introdução de algumas cargas finas num catalisador esférico contendo zeólito numa quantidade de cerca de 10% aumenta significativamente a resistência ao desgaste deste catalisador.

Em escala industrial, foi realizada a produção de um catalisador de craqueamento microesférico contendo zeólita com elementos de terras raras KMTsR-2, que é um análogo microesférico do catalisador Tseokar-2. O aumento da estabilidade do catalisador KMCR-2 (KMCR-4) é conseguido aumentando o teor do componente zeólito para 20 % em peso e óxido de alumínio para 18-20% em peso.

Para produção futura, a GrozNII desenvolveu uma tecnologia para produção do catalisador microesférico Microzeocar-5 para operação em plantas de craqueamento com reatores de elevação. A elevada estabilidade térmica deste catalisador é conseguida principalmente através da utilização de um zeólito profundamente substituído numa forma de troca de terras raras. Além disso, durante a síntese do catalisador Microzeocar-5, são utilizadas matrizes altamente estáveis especialmente desenvolvidas, contendo uma quantidade ideal de óxido de alumínio (~ 40%) e tendo uma maior capacidade de estabilização do que as matrizes dos catalisadores produzidos atualmente.

Sobre a questão da influência das propriedades dos zeólitos na atividade dos catalisadores contendo zeólitos na reação de craqueamento de hidrocarbonetos individuais e frações individuais de óleo, foram realizadas extensas pesquisas, bem como frações individuais de petróleo, e extensas pesquisas foram realizadas. foi realizado por Topchieva K.V. , Masagutovy R.M., Piguzovoy L.I., Rabo D., Dorogochinsky A.Z., Romanovsky B.V., Galich N.N., Rossolovskoy V.N./24/

Como resultado, descobriu-se que a atividade dos catalisadores de craqueamento contendo zeólita depende da estrutura da zeólita, da quantidade e forma dos cátions de troca, da ordem de introdução dos cátions no complexo de troca, bem como das condições de processamento do o zeólito e o tipo de matéria-prima a ser processada.

Contudo, as propriedades catalíticas dos catalisadores contendo zeólito dependem não apenas das propriedades do zeólito e da proporção de componentes activos, mas também das propriedades do componente amorfo. Há pouca informação sobre este assunto na literatura, e uma revisão do material disponível sobre as funções da matriz na composição de catalisadores de craqueamento contendo zeólitas é de considerável interesse.

3.2. MELHORIA DO PROCESSO DE CRACKING CATALISADOR CONTENDO ZEÓLITA

Como é sabido, actualmente, os catalisadores de craqueamento contendo zeólito, que são sistemas de matriz de zeólito de dois componentes, onde o componente zeólito está uniformemente distribuído por toda a massa do material amorfo, encontraram a maior aplicação prática.

A catálise em catalisadores contendo zeólitas possui uma série de características que não são típicas de zeólitas puras. Aqui se manifesta o papel da fase amorfa, a matriz, que tem um efeito notável na estabilidade da fase cristalina da zeólita e, conseqüentemente, na atividade catalítica.

A literatura fornece diversas informações sobre o papel da matriz na composição de catalisadores de craqueamento contendo zeólita. Eastwood acredita que as funções da matriz são envolver mecanicamente cada cristal, remover o calor da zeólita e dar ao catalisador as propriedades de difusão necessárias. Niguzova L.I. O aumento da atividade e estabilidade do catalisador, constituído por duas fases cristalinas da mesma natureza química, é explicada por um efeito sinérgico, visto que a matriz não é um material inerte, mas desempenha certo papel como componente ativo.

A patente indica atividade de craqueamento aumentada de um catalisador contendo zeólita preparado a partir de caulim em comparação com um catalisador preparado a partir de aluminossilicato. Mage et al., como resultado do estudo da influência do tipo de transportador nas propriedades dos catalisadores de craqueamento, descobriram que os catalisadores contendo zeólita obtidos com base em várias matrizes apresentam atividades diferentes em termos de rendimento de gasolina e gases insaturados C3 + C4 .

Como é sabido, ambos os componentes de um catalisador contendo zeólita – zeólita e aluminossilicato – são trocadores de íons. Isto cria certos pré-requisitos para transições interfásicas de cátions trocáveis. A migração de cátions entre o componente zeólito e a matriz amorfa torna-se possível, o que, por sua vez, leva a mudanças correspondentes nas propriedades ácidas e catalíticas dos sistemas contendo zeólito.

A migração de cátions no sistema componente matriz-zeólita foi estudada experimentalmente por K.V. e outros. por análise espectral de raios X local. Foi demonstrado que os cátions de sódio migram do componente zeólito para a matriz durante o tratamento com vapor térmico. Se o teor de sódio na matriz for maior em comparação com o componente zeólito, então os cátions migram na direção oposta, ou seja, Durante o tratamento com vapor térmico, observa-se uma distribuição uniforme de cátions de sódio entre as fases cristalina e amorfa.

A forma de cálcio da zeólita é caracterizada por menos migração de cátions de cálcio da zeólita para a matriz e, no caso da zeólita substituída por lantânio, a migração de cátions para a matriz amorfa durante o tratamento com vapor térmico é praticamente ausente, uma vez que os cátions de lantânio são muito mais ligado à estrutura da zeólita.

Estas alterações na estrutura do zeólito e no arranjo de cátions trocáveis durante o tratamento com vapor térmico afetam o espectro de sítios ácidos, que, como se sabe, é essencial para a catálise. Ou seja, o tratamento a alta temperatura reduz, em primeiro lugar, o número de sítios ácidos fortes: os sítios ácidos de força média e fraca mudam em menor grau. Em geral, durante o tratamento com vapor térmico, observa-se um estreitamento do "espectro de acidez" das zeólitas, bem como dos catalisadores de craqueamento contendo zeólitas.

A matriz desempenha um grande papel na formação de um catalisador estável. Foi estabelecido que as zeólitas puras são completamente destruídas durante o tratamento térmico com vapor de água, enquanto na matriz retêm um certo grau de cristalinidade.

O efeito do tratamento a alta temperatura com vapor de água na destruição do zeólito na composição de um catalisador de aluminossilicato também foi estudado por Ya.V Mirsky. , que mostrou que a zeólita processada fora do suporte de aluminossilicato é completamente destruída já a 750 °C.

Até certo ponto, as propriedades dos catalisadores contendo zeólito também são influenciadas pela composição química da matriz. Isto é claramente observado quando se comparam catalisadores contendo zeólita com matrizes de silicato de magnésio e aluminossilicato. Assim, de acordo com dados com uma conversão de gasóleo West Texas igual a 77% vol., um catalisador contendo zeólito baseado numa matriz de silicato de magnésio permite produzir 4,5% vol. mais gasolina do que um catalisador de aluminossilicato contendo zeólito com quase a mesma formação de coque e 6,6% menos vol. saída de gás.

Uma comparação da atividade catalítica de matrizes de silicato de magnésio e aluminossilicato que não contêm zeólita mostra que o sistema de silicato de magnésio reduz o teor de hidrocarbonetos leves, aumenta o rendimento da gasolina e aumenta significativamente o rendimento e a qualidade do gasóleo leve recirculante (com uma faixa de ebulição de 220-340 ° C). Este aumento no rendimento do gasóleo leve é causado pela supressão das reações de craqueamento secundário, o que é confirmado pela diminuição do rendimento dos hidrocarbonetos leves, bem como dos hidrocarbonetos aromáticos e olefínicos. Uma diminuição no rendimento deste último leva a uma ligeira deterioração nas características de octanagem da gasolina.

O Instituto de Indústria Química da Academia de Ciências da AzSSR também realiza pesquisas sobre a influência da natureza da matriz nas propriedades dos catalisadores contendo zeólita baseados nela. Foi demonstrado que a natureza da matriz de silicato de magnésio e a atividade do catalisador contendo zeólito baseado nela têm uma influência significativa na estabilidade térmica do zeólito em sua composição, nas características estruturais dos poros do catalisador, em nas propriedades ácidas de sua superfície, bem como na formação da composição de hidrocarbonetos dos produtos de craqueamento (gasolina e gás).

Machinskaya M.V. et al. realizaram um estudo sobre a influência da composição química da matriz nas propriedades de catalisadores de craqueamento contendo zeólita, variando a razão SiO_2/Al_2O_3 na matriz, bem como alterando sua cobertura catiônica. . Foi descoberto que as propriedades catalíticas e a estrutura física da matriz de aluminossilicato mudam com uma mudança na sua composição química, por um lado, e as propriedades catalíticas dos correspondentes catalisadores contendo zeólito, por outro.

Zulfugarov Z.G. e outros. investigou a influência da natureza da matriz baseada em silicatos alcalino-terrosos na atividade de catalisadores contendo zeólita e na composição dos produtos de craqueamento e mostrou a possibilidade de regular a composição e o rendimento dos produtos de craqueamento alterando a composição química da matriz e catalisadores contendo zeólita baseados nele.

A estrutura porosa da matriz pode contribuir para a manifestação máxima das propriedades catalíticas dos catalisadores contendo zeólita ou, inversamente, exercer inibição da difusão, levando em última análise a uma diminuição da atividade e da seletividade. Nesse sentido, conforme observado acima, uma das funções mais importantes da matriz é garantir o transporte das moléculas da matéria-prima para o componente zeólito, distribuídas uniformemente por toda a massa do material amorfo.

De acordo com os dados, o grão de um catalisador contendo zeólita é representado como um sistema de matriz bidispersa com poros modelo ramificados e um componente zeólito. Foi estabelecido que ao reduzir a inibição da difusão com um aumento no raio dos grandes poros da matriz, é possível obter um aumento significativo na produtividade dos grãos catalisadores contendo zeólita.

A influência do raio efetivo dos poros da matriz na atividade e seletividade do catalisador industrial contendo zeólita Tseokar-2 durante o craqueamento da fração leve de querosene-gasóleo também foi estudada por K.V. e foi demonstrado que para o tipo especificado de catalisadores com tamanho de grão de 3-5 mm, um aumento no teor de zeólita acima de 15-20% em peso não leva a um aumento significativo na atividade do catalisador, que é provavelmente devido à inibição do transporte de matérias-primas para os cristais de zeólita nos poros da matriz ou na estrutura porosa secundária da zeólita granular.

De acordo com os dados, a atividade e a seletividade dos catalisadores de craqueamento com diferentes volumes e raios de poros secundários são diferentes, ou seja, a atividade dos catalisadores de craqueamento contendo zeólita diminui com a diminuição do volume dos poros secundários.

Estes resultados destacam a importância de garantir uma estrutura de poros secundários ideal de catalisadores contendo zeólita.

O trabalho também indica que os catalisadores contendo zeólita, caracterizados por diferentes características estruturais dos poros, representam diferentes sistemas catalíticos. De acordo com os dados, a atividade e a seletividade dos catalisadores são determinadas pela natureza dos compostos microporosos que inevitavelmente surgem em torno dos cristais de zeólita quando são introduzidos em um gel de aluminossilicato amorfo.

Assim, a alta atividade de um catalisador misto contendo zeólita é explicada pela formação na presença de um aglutinante de um sistema desenvolvido de grandes poros de transporte, o que reduz drasticamente a influência dos estágios de difusão lenta no processo. Dependendo do tipo de ligante, é criada uma estrutura porosa diferente do catalisador misto, cuja natureza determina a velocidade do processo, bem como a taxa de regeneração do catalisador. Além disso, vários estudos indicam que, alterando a natureza da matriz, é possível a produção direcionada de produtos de cracking. Assim, o trabalho indica que com a ajuda de componentes não zeólitos é possível alterar algumas propriedades de catalisadores contendo zeólita. Nomeadamente, o rendimento ligeiramente superior de hidrocarbonetos olefínicos no catalisador contendo zeólito TS - 4 em comparação com outros contactos de zeólito sob condições idênticas é explicado pelas propriedades específicas da matriz na qual o componente zeólito é introduzido.

Isto é especialmente importante em relação ao "problema das olefinas", uma vez que um aumento no rendimento de hidrocarbonetos insaturados, como sugerem alguns autores, através do aumento da temperatura de craqueamento e da taxa de alimentação, que reduzem a intensificação das reações de redistribuição de hidrogênio entre hidrocarbonetos individuais moléculas, provoca uma ligeira diminuição na seletividade de formação do principal produto do craqueamento - a gasolina.

Assim, tendo em conta que as propriedades catalíticas e de regeneração dos sistemas contendo zeólito são largamente determinadas pela natureza da matriz, a criação de componentes de ligação que contribuem para a formação de catalisadores contendo zeólito de poros largos com elevada atividade e seletividade torna-se importante.

As amostras industriais atualmente existentes de catalisadores contendo zeólita são preparadas principalmente com base em uma matriz de aluminossilicato. Embora os catalisadores de silicato de magnésio contendo zeólito para o craqueamento de matérias-primas de petróleo possam aumentar o rendimento da gasolina, a sua ampla distribuição industrial é limitada devido à sua difícil regenerabilidade. As tentativas de melhorar as características de regeneração dos catalisadores de silicato de magnésio aumentando o diâmetro dos poros do catalisador não levaram a resultados positivos, uma vez que com o aumento do coeficiente de queima do coque, a atividade do catalisador diminuiu. Também há informações na literatura sobre o uso de catalisador de silicato de magnésio em mistura com óxido de cálcio (1-18%) para craqueamento de hidrocarbonetos pesados.

Como matriz de um catalisador contendo zeólita, este trabalho de dissertação utiliza um gel formado quando águas naturais de diversas origens são amaciadas com silicato de sódio. A utilização do gel como aglutinante é ditada, em primeiro lugar, pela sua composição química, apresentada principalmente. Ca e Mg - silicatos contendo pequenas quantidades de impurezas de outros metais. Se levarmos em conta também os recursos ilimitados de matérias-primas para a produção do gel (águas naturais), então a possibilidade de sintetizar catalisadores contendo zeólita a partir dele parece bastante promissora.

4. DESENVOLVIMENTO E ESTADO ATUAL DO PROCESSO DE CRACKING CATALÍTICO NO AZERBAIJÃO

Dentre os processos catalíticos propostos para o processamento de frações petrolíferas, o craqueamento catalítico ocupa um dos primeiros lugares em sua importância.

Em 1936, o craqueamento catalítico foi utilizado pela primeira vez em escala industrial e desde então se tornou o processo mais importante na indústria de refino de petróleo de muitos países.

O processo de craqueamento catalítico de matéria-prima de petróleo tem sofrido atualmente grandes mudanças no design tecnológico e de equipamentos.

O rápido desenvolvimento do craqueamento catalítico foi facilitado pela combinação bem-sucedida no processo de amplas possibilidades de processamento de uma ampla variedade de matérias-primas: desde frações destiladas leves até gasóleos pesados de vácuo e até frações de óleo residual.

Como se sabe, a primeira instalação de craqueamento catalítico industrial foi a instalação do sistema Goodry com uma camada estacionária de catalisador de aluminossilicato . Posteriormente, sistemas de craqueamento catalítico mais progressivos baseados em catalisadores móveis granulares e finamente dispersos foram desenvolvidos no exterior e na URSS/24. /

Este desenvolvimento do processo tornou-se possível graças às pesquisas realizadas por V.S. Gutyrya, V.S. Aliyev, M.F. Nagiyev e muitos outros cientistas em nosso país, e às pesquisas de Egloff, Gaer, Kinsberg, Goode, Greensfeltser, Thomas e outros realizadas no exterior./ 25/

Os sistemas industriais de craqueamento catalítico existentes podem ser divididos em dois grupos:

1. com leito catalítico estacionário em reatores descontínuos;
2. com um catalisador circulante em aparelhos de reação contínua.

Por sua vez, as configurações do segundo grupo são divididas em dois subgrupos:

1. com catalisador granulado móvel;
2. com um catalisador tipo pó ou microesférico que forma um leito fluidizado em dispositivos de contato.

Cada um dos subgrupos listados corresponde a um grande número de instalações, diferenciando-se em hardware e design tecnológico.

Sem nos determos nas vantagens e desvantagens de cada um dos sistemas, observaremos apenas que devido a uma série de vantagens significativas do sistema de craqueamento catalítico com leito fluidizado de catalisador fino sobre os demais, este último recebeu o desenvolvimento mais difundido em a indústria de refino de petróleo.

As principais vantagens deste sistema incluem o seguinte:

1. os dispositivos principais - o reator e o regenerador - são estruturalmente mais simples e são essencialmente vasos ocos;
2. a circulação do catalisador no sistema pode ser realizada com fluxo constante de transporte de vapores e gases em uma ampla faixa de velocidades dependendo da densidade do fluxo do gás catalisador;
3. a mistura intensiva de massas de catalisador empoeirado e vapores de matéria-prima leva à equalização da temperatura da camada e à eliminação do superaquecimento local;

4. é possível utilizar diversos tipos de matérias-primas - desde gasolina até frações pesadas de decapagem a vácuo;
5. Como resultado do menor tamanho de partícula, a inibição intradifusão, que limita a taxa de regeneração do catalisador, é significativamente reduzida.

A tabela mostra o crescimento da capacidade de craqueamento catalítico de vários sistemas nos últimos anos nos Estados Unidos.

É interessante notar que a capacidade de destilação direta nos EUA em 01/01-1961 era de 1.341,0 mil toneladas /dia.

Segue-se que a capacidade total de todos os sistemas de craqueamento catalítico nos EUA em 01/01-1961 era de 50,8% da capacidade total em linha reta. Além disso, está demonstrado que o desenvolvimento do craqueamento catalítico nos EUA está à frente do crescimento da corrida direta.

Quanto ao craqueamento catalítico com leito fluidizado de catalisador fino, então, conforme segue da Tabela 1, esse processo é o principal, e em 1963 representava 79,9% de todas as matérias-primas processadas em unidades de craqueamento catalítico.

Nã o.	Nome das configurações	Número de instalações econômicas	Potência máxima de 1 instalação, t/dia	Força total de instalação em 1960, t/dia	Rendimento do produto							Número de octanas da gasolina
					A partir de $_5$, gasolina,	Gás seco, volume	C3 ,	C4 , volume	Coca-Cola	Gasóleo de Lekium,	Volume de gasóleo pesado	
1	Modelo 4	37	8400	103,0	43,8	3.5	7.1	10,0	7,0	17.3	18,9	92-99
2	Ortoflow (modelos A e B)	22	16.000	85,0	-	-	-	-	-	-	-	-

3	UOP .	70	4950	89,0	45,2	2.2	7, 9	12. 3	7,0	28,0	12,0	98,5

Mesa

O desenvolvimento industrial do craqueamento catalítico na URSS começou com a construção das instalações Goudry e a criação, em 1964, de um sistema doméstico com catalisador granular móvel. Nos anos seguintes, um grande número de instalações foi construído, incluindo instalações operando com sucesso com catalisadores de pó do tipo 1-B e 1-A, desenvolvidos pelo Instituto de Indústria Química da Academia de Ciências da RSS do Azerbaijão e Giproazneft./ 2 /

Atualmente, estão sendo construídas na URSS instalações de leito fluidizado, cuja potência é duas vezes maior que a capacidade da instalação existente. Como o tema do nosso trabalho é a pesquisa e desenvolvimento de tecnologia para o processo de craqueamento catalítico em dois estágios, em que o primeiro estágio é realizado em fluxo direto e o segundo em leito fluidizado, então na primeira parte do revisão da literatura iremos acompanhar criticamente o desenvolvimento do processo de craqueamento catalítico com catalisador fino, avaliar os aspectos positivos e negativos dos diferentes anos de desenho tecnológico do processo, e também considerar a questão da influência da qualidade das matérias-primas (composição química e fracionária) no rendimento dos produtos alvo durante o processo de craqueamento.

4.1. DESENVOLVIMENTO DE EQUIPAMENTOS DE CRACKING CATALÍTICO

A primeira unidade de craqueamento catalítico industrial com catalisador pulverizado circulante do tipo "modelo 1", cujos diagramas são mostrados na Fig. 1, entrou em operação em 1942.

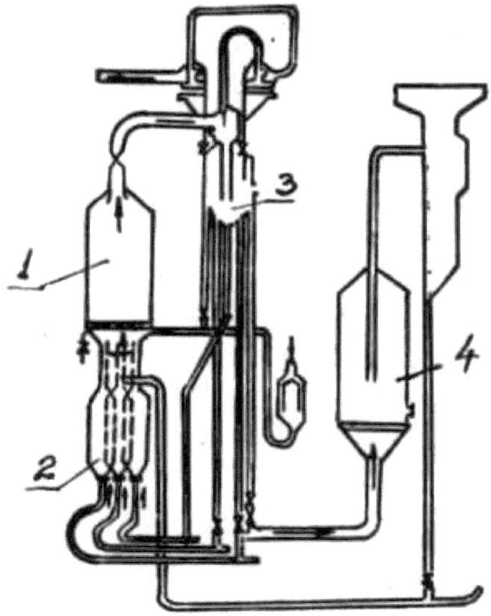

Fig. 1 Diagrama esquemático e técnico das instalações.
Modelo 1. 1-regenerador, 2 refrigeradores para regenerador, 3 funis, 4 reatores

Nesta instalação, toda a massa do catalisador empoeirado circulante passou pelo reator e regenerador de baixo para cima e foi removida inteiramente do topo desses dispositivos em mistura com produtos gasosos da reação. A característica mais característica das instalações do Modelo 1 é a saída superior do catalisador circulante do aparelho de reação. Uma corrente de ar ou vapor de óleo é separada do catalisador em separadores de ciclone.

Estas instalações são interessantes não apenas como as primeiras instalações industriais com um catalisador finamente disperso, mas principalmente porque a reação e a regeneração aqui são realizadas sob condições de transporte contínuo em densidades relativamente altas do fluxo do catalisador gasoso. Consequentemente, os princípios do craqueamento catalítico nesta instalação são essencialmente os mesmos que em comparação com o contacto e as reações que ocorrem num leito fluidizado.

Em 1951, após a reconstrução de uma das unidades modelo, sua capacidade foi aumentada para 7.000 toneladas de matéria-prima por dia. A julgar pela literatura, as instalações do modelo 1 não foram amplamente utilizadas e foram suplantadas devido às seguintes desvantagens principais que lhes são inerentes:

1. Comprimento significativo dos fios do catalisador e alta resistência hidráulica do sistema de circulação do catalisador.
2. A necessidade de usar grandes separadores de ciclones projetados para capturar toda a quantidade de catalisador circulante.
3. Aumento da abrasão do catalisador e, consequentemente, seu alto consumo.
4. O volume da instalação e a falta de flexibilidade operacional. A altura desta instalação atingiu 70 metros.

O próximo passo no desenvolvimento da tecnologia de craqueamento catalítico foi o surgimento de unidades do tipo modelo 11, cujo diagrama é apresentado na Fig.

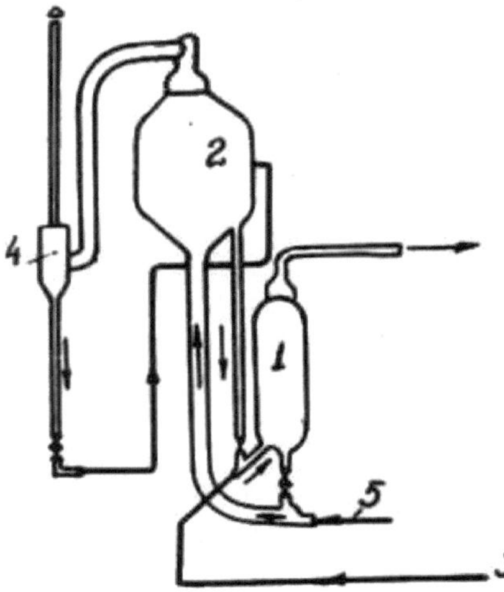

Fig . 2. Diagrama esquemático e técnico das instalações.
Modelo 2. 1-Reator, 2-Regenerador, 3-Matérias-primas 4-eletrofiltro, 5-ar

Uma característica dessas instalações foi a introdução na prática do craqueamento catalítico do regime hidrodinâmico de um leito fluidizado de catalisador finamente disperso com fluxo descendente do catalisador. Ou seja, nessas instalações a velocidade do gás no reator diminuiu, com o que a fase sólida se concentrou no fluxo de gás, formando uma densa camada turbulenta com nível superior pronunciado. Assim, aqui apenas uma pequena parte (aproximadamente 5%) da quantidade total de catalisador circulante entra nos ciclones para coleta de poeira e a parte principal do catalisador está nos aparelhos /2/.

Ao deslocar de cima para baixo o local de retirada do catalisador do reator e regenerador e ao mesmo tempo reduzir as velocidades nestes dispositivos, o circuito de circulação do catalisador foi simplificado e a resistência hidráulica do sistema foi reduzida.

Ambos permitiram reduzir a altura total da instalação para 50-55 metros, reduzir o consumo de metal e reduzir os custos de capital e operacionais. No entanto, a altura de instalação ainda era alta.

A melhoria das unidades de craqueamento catalítico, a fim de reduzir o seu custo inicial e custos operacionais através da redução da altura, levou à criação de uma unidade tipo III , cujo diagrama é mostrado na Fig. 3.

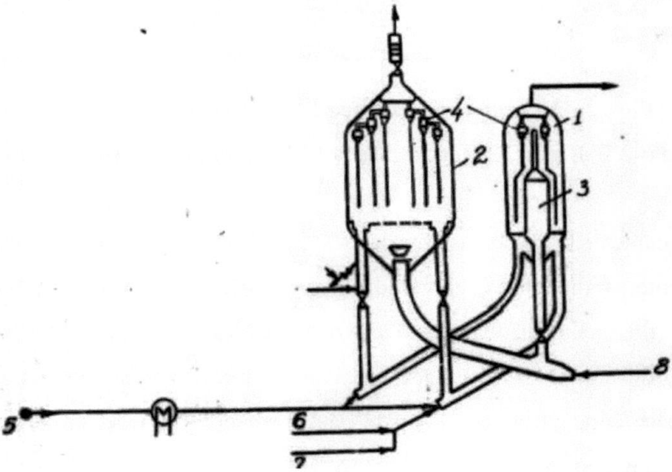

Figura 3. Esquema técnico principal das instalações.

Modelo 3 1- Reator , 2-Regenerador, 3-Sexão de vapores, 4-Ciclones, 5-Matérias-primas, 6-vapor de água, 7-Risauk, 8-ar

A diferença característica desta instalação é a localização do reator e do regenerador no mesmo nível, o volume reduzido do regenerador e o fato de ter uma altura inferior de 37-40 m. Tudo isso foi conseguido aumentando ligeiramente a pressão em. o regenerador.

Na série de instalações modelo, as últimas são as instalações modelo IV , cujo diagrama esquemático é apresentado na Fig. 4.

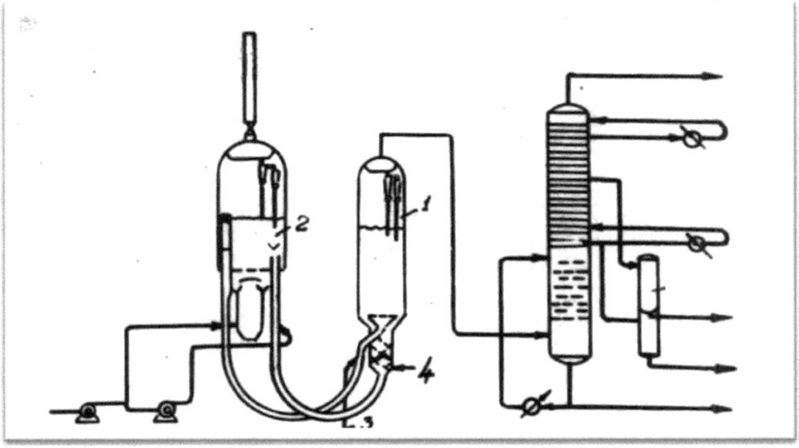

Figura 4. Diagrama esquemático e técnico das instalações. Modelo4. 1- Reator, 2- Regenerador, 3- Matérias-primas 4- Ar

Em termos de disposição dos equipamentos, o Modelo IV se assemelha ao Modelo III .

O transporte do catalisador em camada densa através de tubos catalíticos em forma de U permitiu conferir às instalações do tipo "Modelo IV " todas as vantagens das instalações do tipo "Modelo III " sem aumentar a pressão de todo o ar fornecido ao regenerador .

unidades do modelo IV , a intensidade da circulação do catalisador entre o reator e o regenerador é controlada principalmente pela alteração da igualdade das densidades de fluxo, fornecendo mais ou menos ar à seção superior da tubulação do catalisador gasto.

unidades do Modelo III , e as camadas fluidizadas no aparelho são formadas nas velocidades máximas permitidas dos fluxos de gás-vapor.

Além das unidades de craqueamento da série modelo discutidas acima, outros tipos de unidades também têm sido utilizados industrialmente. Em primeiro lugar, devemos incluir instalações como Ortoflow e Unionoil Products (UOP). /2/

Ambos os tipos de instalações distinguem-se pela utilização de um aparelho combinado, em que o reator e o regenerador são encerrados num invólucro comum, e as instalações do tipo Ortoflow possuem dois modelos - "A" e "B", iguais no posição relativa do reator e regenerador.

Na fig. A Figura 5 mostra um diagrama de instalação do Ortoflow modelo "A", e a figura 7 também mostra o modelo "B"/2-24/.

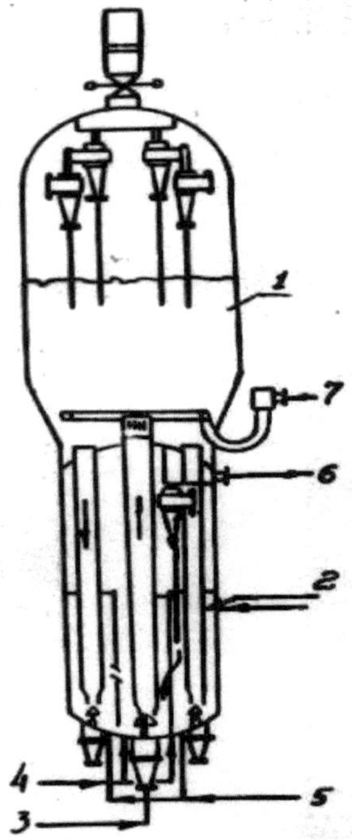

Figura 5. Diagrama técnico fundamental das instalações de cracking catalítico orthoflou tipo “A”

1-Reator, 2-Regenerador, 3-ar, 4-Vapor, 5-Matéria-prima, 6-catalisador, 7-ar

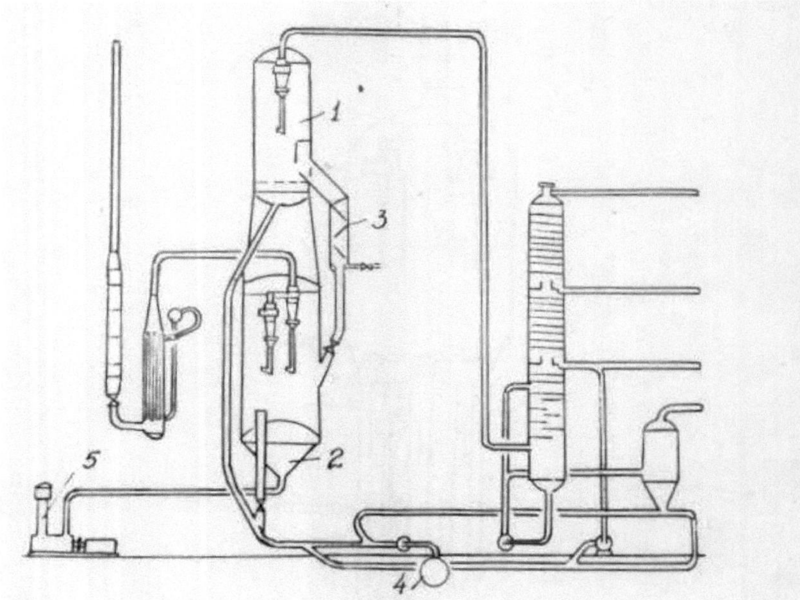

Figura 6. Diagrama técnico básico de instalações tipo YuOP.1-Reator, 2-Regenerador, 3 Seções de Decapagem, 4-Matérias-Primas, 5-Ar

Considerando ambos os esquemas, deve-se notar o layout estrutural original e o design compacto. A principal vantagem deste tipo de instalação é a utilização de uma tubulação catalítica vertical (sem curvas ou voltas), o que minimiza o desgaste abrasivo do equipamento.

Além da solução de projeto original do layout geral do sistema, as plantas Ortoflow diferem de outras plantas pela presença de um fluxo direto de catalisador sem o uso de um agente de acionamento do reator para o regenerador para o modelo "A" e do regenerador ao reator modelo "B". /24/

Há indicação na literatura de que, do ponto de vista mecânico, é mais fácil colocar o reator sob o regenerador, pois o diâmetro do regenerador é maior.

Este princípio constitui a base da versão moderna do processo de craqueamento catalítico em leito fluidizado produzido pela UOP. Um diagrama típico de uma das instalações desta empresa é mostrado na Fig.6. Nestas instalações, como nas instalações do tipo Ortoflow, o princípio do fluxo direto do catalisador de um aparelho para outro é mantido. Ao mesmo tempo, a tubulação do catalisador de elevação nessas instalações é curva.

Além das instalações listadas com leito fluidizado de catalisador finamente disperso, várias outras instalações são conhecidas no exterior. Por exemplo, existe uma instalação em que o catalisador gasto entra no regenerador não diretamente do reator , mas através de um bunker separador de pressão, e o transporte do catalisador coqueado é realizado não por ar, mas por vapor de água.

No entanto, devido ao facto do seu número total ser pequeno e representarem apenas uma modificação das instalações acima descritas, não nos deteremos nelas. Ao mesmo tempo, notamos que deliberadamente não tocamos nas instalações industriais, embora poucas, descritas na literatura, nas quais existe uma tendência à intensificação do processo de craqueamento catalítico. São instalações para fissuração em 2 estágios e com leito fluidizado seccionado. Essas configurações serão discutidas abaixo./2-24/

No final do século XX, pesquisas em andamento na área de catálise estabeleceram uma relação entre as propriedades superficiais de catalisadores contendo celite, coqueamento e a influência desse fator na atividade e seletividade do processo de craqueamento catalítico. Um diferencial da pesquisa realizada foi o estudo desses padrões pela primeira vez em segundos de contato da matéria-prima com o catalisador.

Os resultados obtidos permitiram modelar o catalisador de acordo com a altura do reator e regular as propriedades superficiais do catalisador através da sua coqueificação. Isso se tornou a base científica para a criação de uma tecnologia de processamento de gasolina instável e foi confirmado durante o processamento de pirocondensado no complexo de craqueamento catalítico G-43-107 /7,8,23/.

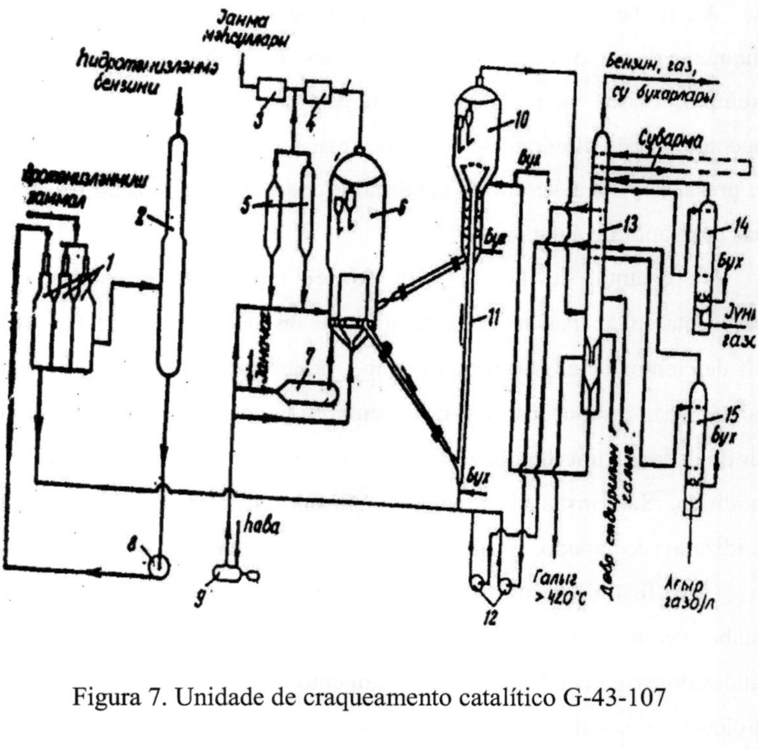

Figura 7. Unidade de craqueamento catalítico G-43-107

A tabela apresenta dados que caracterizam a distribuição de algumas das instalações acima descritas nos EUA, seus indicadores tecnológicos, características das matérias-primas e produtos resultantes.

Resumindo o que precede, torna-se óbvio que desde o lançamento das primeiras instalações, o design dos dispositivos e das instalações como um todo foi significativamente melhorado. Como resultado destas melhorias, as instalações tornaram-se significativamente mais simples e compactas.

Em última análise, a necessidade de metal para a construção das instalações e o seu custo são actualmente cerca de três vezes inferiores aos das primeiras instalações de cracking catalítico.

A principal melhoria das instalações visou principalmente a redução do custo do processo através da redução dos investimentos de capital e consistiu no seguinte:

1. o sistema de recuperação de catalisador foi simplificado;
2. as dimensões dos dispositivos foram reduzidas e a altura total foi reduzida;
3. o sistema de circulação do catalisador foi simplificado e tornado mais compacto;
4. o layout dos dispositivos foi melhorado;
5. A produtividade das instalações foi aumentada.

No entanto, esta melhoria não teve qualquer impacto significativo na essência do processo em si e no rendimento dos produtos alvo (como pode ser visto na tabela), portanto, juntamente com a melhoria indicada das instalações, muito trabalho foi realizado no desenvolvimento do processo de craqueamento catalítico. Os momentos mais importantes no desenvolvimento do processo foram os trabalhos de aprofundamento do processo, envolvendo frações de gasóleo de alto ponto de ebulição para craqueamento , desenvolvimento de novos tipos de catalisadores, etc. trabalhos e experiência acumulada na operação de instalações com leito fluidizado de catalisador, foram identificadas graves deficiências, características deste método de contato./ 24/

Foi necessário, com base em um estudo aprofundado do processo de craqueamento catalítico que ocorre em contatores ocos utilizando um leito fluidizado de catalisador finamente disperso, delinear caminhos para uma maior intensificação do processo.

5. *O PAPEL DOS CIENTISTAS DO AZERBAIJÃO NO DESENVOLVIMENTO DO PROCESSO DE CRACKING CATALÍTICO*

A primeira unidade industrial de craqueamento catalítico foi uma unidade de baixa produtividade do sistema Goodry, comissionada nos EUA (1936). O desenvolvimento industrial do craqueamento catalítico na URSS começou com a construção das unidades Goudry. Mais tarde, foram desenvolvidos sistemas de craqueamento catalítico mais avançados baseados em catalisadores móveis granulares e finamente dispersos. /4/

O processo de craqueamento catalítico com catalisador granular móvel na URSS foi desenvolvido por equipes da VNIINP, LenNII, GrozNII e GIPROneftezavod. No mesmo período (1944-1952), equipes de cientistas azerbaijanos da AzNIINP, GiproAzneft e fábricas da associação Azneftezavody desenvolveram uma versão mais eficaz do craqueamento catalítico em uma camada "fluidizada" de um catalisador finamente disperso e sintetizaram um catalisador microesférico. Todas as etapas do desenvolvimento do processo estão refletidas nos relatórios relevantes da AzNIINP e nos materiais do projeto da GiproAzneft, que quase não são divulgados na imprensa e são pouco conhecidos por um amplo leque de leitores.

Na AzNIINP, a pesquisa sobre craqueamento catalítico em leito fluidizado com catalisador finamente disperso começou em 1944.

O primeiro modelo de craqueamento catalítico na URSS com uma camada "fluidizada" de um catalisador finamente disperso foi implementado em 1945, e neste modelo foram estudados os principais parâmetros da camada "fluidizada" de partículas de catalisador em um fluxo de vapores e gases. , o que revelou a grande eficiência deste método de contato. /1/

Os dados iniciais obtidos durante o desenvolvimento de uma unidade de craqueamento catalítico semi-fábrica em leito fluidizado de catalisador finamente disperso, construída por especialistas de Baku, serviram de base para o projeto e construção da primeira unidade industrial do tipo 1-B no Refinaria de petróleo Novobakinsky (agora PA "Azerneftyanajag"), que teve um enorme impacto no desenvolvimento da indústria de refino de petróleo da URSS como um todo .

Usando o exemplo de uma instalação industrial de craqueamento catalítico da fração querosene-gasóleo para produção de gasolina de aviação, colocada em operação em 1952, foi confirmada a alta eficiência dos sistemas com leito catalítico "fluidizado" em comparação com instalações operadas industrialmente com um catalisador de esfera móvel tipo 42-103, desenvolvido por GrozNII, VNIINP e outras organizações. Serviu de base para a construção em toda a URSS, a partir da década de 50, de um grande número de unidades de craqueamento catalítico em leito fluidizado de alta produtividade. tipo 1-A e 1A/1 M com tecnologia INHP e possibilitou solucionar o problema da produção de gasolina de alta qualidade no país. Instalações semelhantes também foram construídas na Polónia e na Roménia. /1-22/

Uma contribuição importante para o desenvolvimento dos fundamentos teóricos do processamento catalítico de matéria-prima de petróleo usando tecnologia de fluidização foi a pesquisa realizada sob a liderança de V.S. Indyukova, A.M. Kuliev, M.I. Rustamova, Sh.K. Kyazimov , I.I.

Junto com o desenvolvimento e implementação industrial do processo de craqueamento catalítico com leito fluidizado de catalisador de aluminossilicato, M.I. Rustamov conduziu uma extensa pesquisa para estudar a estrutura da camada "em ebulição", os padrões de massa e propriedades de transferência de calor da camada fluidizada e sua hidrodinâmica . /1,7,8,22/

Como resultado desses estudos, algumas disposições do modelo bifásico do leito "fluidizado" foram refinadas e foi derivada uma equação que permite determinar a quantidade de uma fase discreta em função das propriedades e do tamanho das partículas sólidas formando o leito "fluidizado" e o número de fluidização.

Foi estabelecido que ocorre intensa mistura da fase sólida no leito "fluidizado". Com isso, a temperatura no volume da camada é equalizada, o que garante que o processo prossiga, independente da magnitude do efeito térmico das reações, em condições isotérmicas. A mistura intensiva de partículas sólidas, por outro lado, leva à média da atividade do catalisador no volume de reação e ajuda a reduzir a concentração dos componentes reagentes como resultado de sua diluição com produtos de reação envolvidos na circulação intra-reator com o catalisador . /1,2,13/

Tanto a formação de bolhas quanto a mistura da massa gás-catalisador no volume da camada levam a uma diminuição significativa na taxa de reações que ocorrem e na produtividade por unidade de volume de reação.

A presença destas deficiências não permite o aproveitamento total das possibilidades potenciais de contacto entre as fases gasosa e sólida.

A este respeito, foi realizada uma extensa investigação, destinada, em primeiro lugar, a eliminar estas desvantagens dos sistemas de leito fluidizado e, em segundo lugar, a desenvolver novos princípios de contacto.

Os defensores da primeira direção seguiram o caminho de melhorar os sistemas com leito “fluidizado”. Isto foi conseguido dividindo o volume do aparelho de reação em seções ou estágios, o que permitiu limitar a mistura intensa de partículas sólidas e gases em pequenos volumes, ou seja, dentro de uma seção ou etapa. Neste caso, embora em cada etapa ou seção permaneçam as desvantagens da camada “fluidizada”, mas, na presença de várias seções localizadas sucessivamente, são criados gradientes de concentrações e atividades de catalisador entre elas /22/.

Com um número infinitamente grande de seções , as desvantagens inerentes ao leito “fluidizado” são completamente eliminadas e o modo do aparelho se aproxima do modo de deslocamento ideal.

, equipes do GrozNII (com movimento de fase de fluxo direto) e VNIINP (com movimento de fase de contrafluxo) trabalharam para a criação de dispositivos reatores com leito "fluidizado" seccionado.

Ao contrário destes institutos, o Instituto da Indústria Química da Academia de Ciências do Azerbaijão foi o primeiro a desenvolver um método fundamentalmente novo de contacto entre fases sólidas e gasosas, que permite criar posteriormente sistemas de craqueamento catalítico progressivo utilizando o princípio desenvolvido de contacto em um fluxo de catalisador ascendente e semi-passante. Esses estudos foram desenvolvidos desde 1957 sob a liderança de B. S. Aliyeva e M. I. Rustamova.

O método de contato de fases gasosas e sólidas em sistemas com fluxo ascendente e semi-passante, bem como o método de implementação de vários processos catalíticos de contato nesses sistemas, é protegido por vários certificados de direitos autorais A criação de novos sistemas de contato. fases em fluxo ascendente e semi-passante, permitindo que os processos sejam realizados em condições ideais, o deslocamento foi precedido por estudos teóricos realizados por M.I. Rustamov para determinar a eficiência de sistemas de seccionamento com leito "fluidizado" em vários valores do. número de fluidização para reações monomoleculares irreversíveis .)

Como resultado destes estudos, verificou-se que um aumento praticamente perceptível na eficiência do processo é alcançado aumentando o número de seções para 6-8. Ao mesmo tempo, a eficiência do dispositivo aumenta em 15-20%. Um aumento adicional nas secções aumenta a eficiência do aparelho de forma tão insignificante que um aumento adicional no seu número torna-se ineficaz. /7,8,22/

Posteriormente, ao comparar dados de unidades piloto de craqueamento catalítico com dispositivos reatores com leito "fluidizado" seccionado em condições de co-corrente (GrozNII), sistemas escalonados em contracorrente (VNIINP) e sistemas com fluxo ascendente, as conclusões teóricas foram basicamente confirmadas, e a vantagem dos sistemas foi revelada com fluxo ascendente.

Os resultados obtidos serviram de base para a criação de um método de avaliação teórica da eficácia dos diversos métodos de contato.

Foi derivada uma equação que permite determinar a eficiência de um determinado sistema de contato para a realização de reações químicas, com base no número de colisões de partículas finas de catalisador com moléculas de substrato por unidade de volume do reator por unidade de tempo, e um teórico foi avaliada a eficiência de dispositivos reatores operando segundo o princípio do contato de fase em camada "fluidizada", em fluxos ascendentes e semi-passantes.

as propriedades térmicas de sistemas com catalisador finamente disperso circulante entre um reator acoplado e um regenerador, em um dos quais, como resultado de um processo químico endotérmico, formam-se depósitos de coque junto com os produtos alvo, no outro, como como resultado da reação química da queima dos depósitos de coque, é liberado calor, que com o catalisador circulante é introduzido no reator para compensar a necessidade de energia térmica deste último. Foram compiladas equações de cálculo que permitem determinar o regime térmico equilibrado nos dispositivos nas condições de seu funcionamento ideal, alterando a quantidade de catalisador circulante. /2-22/

O contato das fases sólida e gasosa sob condições de fluxos ascendentes e semipassantes garantiu que o processo fosse realizado em um regime próximo ao deslocamento ideal. Os projetos de reatores criados permitiram aumentar sua produtividade específica em 8 a 10 vezes em comparação com um leito fluidizado. /22-23/

A utilização de sistemas com fluxo ascendente de catalisador também possibilitou aumentar várias vezes a produtividade por unidade de massa do catalisador, reduzir significativamente a formação de coque e aumentar a seletividade do processo de craqueamento catalítico na mesma profundidade de conversão da matéria-prima. A possibilidade de reduzir a formação de coque permitiu, através destes sistemas, desenvolver processos de craqueamento catalítico de matérias-primas mais pesadas, cujo craqueamento não poderia ser realizado em sistemas com leito "fluidizado".

Estas vantagens predeterminaram o elevado efeito económico obtido com a implementação deste sistema na indústria.

A pesquisa sobre craqueamento catalítico em um sistema de fluxo ascendente foi concluída em 1960. No mesmo ano, surgiram várias patentes norte-americanas sobre um método para realizar o processo de craqueamento catalítico utilizando reatores de fluxo ascendente.

Para o período 1961-1964. Utilizando sistemas com fluxo ascendente de catalisador, foram desenvolvidas diversas modificações do craqueamento catalítico de dois estágios de decapagem a vácuo, sendo o primeiro estágio realizado em fluxo ascendente, o segundo em fluxo semi-passante em opções seletivas e não seletivas.

Como se sabe, um dos principais fatores que determinam o rendimento dos produtos de reação, principalmente gasolina e coque, no craqueamento catalítico em dois estágios é o grau de conversão das matérias-primas nas etapas I e II do processo. /2,22,23/

Com o mesmo grau de conversão de matérias-primas em duas etapas, o rendimento total dos produtos de reação individuais pode ser diferente dependendo da mudança no grau de conversão das matérias-primas em cada etapa.

Dependendo do grau de conversão da matéria-prima no estágio I , é determinada a importância e a contribuição do estágio II para o rendimento total do produto alvo. Para tanto, sob a liderança de Rustamov M.I., Pryanikova E.I., Abdullaev M.A., foram realizadas pesquisas sistemáticas e direcionadas para estabelecer a influência da profundidade dos 1º e 2º estágios e, consequentemente, a qualidade da reciclagem na eficiência do processo como um todo.

Esses estudos foram realizados de acordo com um esquema seletivo e não seletivo em duas etapas para processamento de matérias-primas frescas e reciclagem com remoção separada e conjunta dos produtos da reação em cada etapa do processo.

Como resultado dos estudos, constatou-se que dos três esquemas estudados para a implementação do processo de craqueamento catalítico de decapagem a vácuo, o maior rendimento de gasolina com menor formação de coque é proporcionado pelo esquema de craqueamento catalítico em dois estágios com remoção separada de produtos dos estágios I e II. O menor rendimento de gasolina com formação de coque relativamente alta é garantido por um esquema de craqueamento catalítico conjunto de estágio único para remoção e reciclagem a vácuo. O esquema de craqueamento catalítico em dois estágios com remoção conjunta dos produtos dos estágios I e II ocupa uma posição intermediária.

Foi estabelecido que com a diminuição da quantidade de reciclagem devolvida por fissuras repetidas, os indicadores dos três esquemas comparativos se aproximam, e quando a quantidade de reciclagem é inferior a 10% da massa, o esquema de junta monofásica o craqueamento de matérias-primas e a reciclagem são provavelmente os mais eficazes, uma vez que possuem um design de hardware mais simples.

Como resultado de estudos sobre a influência da profundidade de conversão das matérias-primas nas etapas I e II do processo, foi demonstrado que, dependendo da profundidade de transformação na etapa I, os refluxos resultantes diferem em qualidade e apresentam diferentes fissuras. habilidades. Um aumento na profundidade de conversão das matérias-primas na primeira etapa leva a um aumento no teor de hidrocarbonetos aromáticos, resinas e asfaltenos no refluxo resultante, o que contribui para uma diminuição no rendimento da gasolina e um aumento no rendimento de coque na segunda etapa do processo.

Foi estabelecido que as profundidades ótimas de conversão das matérias-primas nas etapas I e II do processo, que garantem o máximo rendimento total da gasolina no craqueamento catalítico em duas etapas com menor rendimento de coque, diferem das profundidades de conversão de matérias-primas que proporcionam o máximo rendimento da gasolina dos estágios I e II separadamente . A profundidade ideal de conversão das matérias-primas na primeira etapa do processo em termos dos indicadores totais de fissuração em dois estágios está na zona intermediária, e em nossos estudos foi determinada na região de 50-65% em peso.

uma avaliação comparativa dos indicadores quantitativos e qualitativos do processo em catalisadores contendo zeólita e aluminossilicato amorfo.

Foi determinado que a utilização de um catalisador contendo zeólita proporciona um melhor equilíbrio de material e seletividade do processo, uma qualidade ligeiramente melhor da gasolina resultante, uma diminuição no teor de hidrocarbonetos insaturados, um aumento no teor de hidrocarbonetos isoméricos em a composição dos gases, bem como o aumento do teor de hidrocarbonetos aromáticos nos produtos líquidos, principalmente os gasóleos, que são as matérias-primas para a obtenção do concentrado de fuligem.

Em junho de 1963, os resultados da pesquisa do Instituto de Indústria Química da Academia de Ciências do Azerbaijão sobre o desenvolvimento de sistemas de craqueamento catalítico com fluxo ascendente de catalisador foram relatados pela primeira vez na Reunião da União em Ufa.

Em 1966, foi publicada a primeira monografia dedicada a esta questão (Aliev B.S. , Rustamov M.I., Pryanikov E.I. - " Estado atual e formas de intensificar o processo de craqueamento catalítico " Baku, Azerneshr 1966) /2/, onde os fundamentos científicos do processo de craqueamento catalítico foram delineados o processo de craqueamento em sistemas com fluxo ascendente e semi-passante, e foram delineados os indicadores do processo de craqueamento catalítico em sistemas com fluxo ascendente de diversas modificações.

Isso contribuiu para o uso generalizado desses sistemas para o desenvolvimento do processo de craqueamento catalítico em organizações científicas como GrozNII e VNIINP, que já haviam proposto e desenvolvido sistemas com aparelhos seccionados.

Com base nas pesquisas realizadas por cientistas do INHP, foram emitidas recomendações e realizada a reconstrução de unidades industriais de craqueamento catalítico com catalisadores finos em diversas refinarias utilizando reatores de fluxo ascendente e semi-passante, o que permitiu aumentar drasticamente o produção de gasolina para motores de alta qualidade. /7-8/

Para o desenvolvimento e introdução na indústria do processo de craqueamento catalítico de matérias-primas de petróleo em 1982, V.S. Aliyev, M.I. Rustamov, E.I.

Paralelamente ao desenvolvimento da tecnologia de craqueamento catalítico num fluxo ascendente de catalisador de gás, o Instituto de Produção Química de Petróleo da Academia de Ciências do Azerbaijão realizou um extenso trabalho para criar a base científica para o processamento de matéria-prima de petróleo em tais sistemas. A estrutura do fluxo foi estudada e as características hidrodinâmicas dos dispositivos foram avaliadas dentro de uma ampla faixa de mudanças na velocidade linear do meio e na concentração fluida de partículas sólidas. Regiões de transição da camada "fluidizada" para a camada semi-passante e depois para o fluxo direto foram estabelecidas.

Como resultado do fato de que em sistemas com fluxo ascendente, uma alta velocidade relativa de movimento de fase é garantida com intenso - movimento oscilatório transversal e local-longitudinal das partículas, e também, levando em consideração a alta dispersão das partículas (40-100 c) e a possibilidade de fluxo de partículas reagentes em torno de cada molécula de partícula, podemos assumir que o processo nesses sistemas ocorre na região cinética intrafase. Isto é especialmente convincente para processos lentos, como o craqueamento catalítico.

Com base nos estudos realizados, foi proposto um mecanismo para o processo de craqueamento catalítico de matéria-prima de petróleo em reatores com fluxo ascendente e compilado um modelo cinético do processo.

A presença de modelos cinéticos e hidrodinâmicos e equações de equilíbrio de calor permitiram que M.I. Rustamov, R.I. Zeynalov e G.T. Farkhadova desenvolvessem um modelo matemático do processo e resolvessem o problema de otimização sob condições instáveis do processo.

Posteriormente, utilizando reatores de fluxo ascendente , em conjunto com GrozNII e VNIINP, foi desenvolvido um novo complexo de craqueamento catalítico G-43-107, caracterizado por maior produtividade e baixo consumo de metal. Esta é uma unidade combinada, que inclui seções para hidrotratamento de gasóleo a vácuo, craqueamento catalítico de gasóleo a vácuo hidrotratado em um reator de elevação vertical e fracionamento de gás .

De referir que este sistema é o mais eficaz porque permite identificar todas as vantagens dos catalisadores contendo zeólita, proporciona elevados rendimentos de gasolina, frações propano-propileno e butano-butileno , o que torna esta instalação competitiva a nível internacional. (uma licença foi vendida para o processo).

Atualmente, as unidades G-43-107 são operadas com sucesso em refinarias de petróleo em Moscou, Grozny, Mozhikiai, Burgas, Ufa, Pavlodar, Angarsk, Lisichansk e Baku. Durante os três anos de operação do complexo G-43-107 em Baku, as contribuições para o orçamento do Estado ascenderam a mais de 750 mil milhões de manats. Segundo especialistas europeus, actualmente as instalações estão ao nível das congéneres estrangeiras e são as únicas nas refinarias da ex-URSS que não necessitam de uma modernização séria. /2-22/

Simultaneamente com a introdução de novos e progressivos sistemas de craqueamento catalítico no período 1970-1975. Estudos intensivos estão sendo realizados sobre os padrões de craqueamento catalítico em uma ampla faixa de temperatura (400-800°C). Um estudo simultâneo das transformações catalíticas de hidrocarbonetos numa gama tão ampla de temperaturas utilizando o mesmo catalisador não foi realizado até agora. A realização de tais estudos permitiu considerar do ponto de vista científico a mudança no mecanismo do processo numa ampla faixa de temperatura, e do ponto de vista prático identificar a sua seletividade no rendimento de hidrocarbonetos individuais na composição dos produtos da reação.

A análise da composição dos componentes dos produtos alvo mostrou que é consistente com o mecanismo radical do íon carbono; com o aumento da temperatura, a proporção de reações que ocorrem pelo mecanismo radicalar aumenta;

Na região acima de 600°C, observa-se uma mudança qualitativa acentuada na composição dos produtos da reação. A distribuição observada de hidrocarbonetos no produto final indica uma mudança no mecanismo do processo e sua transição para a área da pirólise catalítica. A transformação dos hidrocarbonetos nesta faixa de temperatura obedece aparentemente a um mecanismo radical. O catalisador não altera o mecanismo da cadeia radical do processo. Seu papel provavelmente se resume a iniciar a formação de radicais adicionais por uma superfície heterogênea e mudar o rendimento ideal de olefinas para temperaturas mais baixas do que durante o craqueamento térmico.

Como resultado de estudos sobre o papel das condições de operação e do peso molecular da matéria-prima inicial do petróleo na formação da estrutura e peso molecular dos produtos finais, foi possível identificar a área de craqueamento catalítico em que o rendimento de isoolefinas e hidrocarbonetos isoparafínicos de baixo peso molecular é maximizada. Esses estudos abrem novos aspectos do desenvolvimento do processo de craqueamento catalítico. Ao mesmo tempo, ao contrário da finalidade tradicional do processo de craqueamento catalítico, cujo objetivo é a produção de gasolina automotiva, sua nova modificação - o processo de isomerização destrutiva é considerada o principal processo do complexo petroquímico, o cujo objetivo principal é a produção de isoparafinas e hidrocarbonetos isoolefínicos de baixo peso molecular.

O processo é denominado isomerização destrutiva, pelo fato de não ser o hidrocarboneto original que sofre isomerização , mas sim o próprio produto de sua clivagem (destruição). Como resultado de um estudo dos padrões de isomerização destrutiva de matérias-primas técnicas de origem primária e secundária, foi demonstrado que várias frações de petróleo, desde gasolina até destilados a vácuo, podem estar envolvidas no processo. Os destilados de coque podem estar envolvidos no processo como um dos tipos de matéria-prima. /22/

Um estudo da influência das condições hidrodinâmicas do processo mostrou que quando o processo é realizado em reatores com fluxo ascendente sob condições de aproximadamente a mesma profundidade de conversão, o rendimento e a seletividade do processo para o produto alvo são maiores do que quando é é implementado em reatores com leito fluidizado de catalisador.

O processo de isomerização destrutiva foi desenvolvido em duas versões: petroquímica e combustível. A opção petroquímica visa a produção de hidrocarbonetos e hidrocarbonetos de baixo peso molecular, principalmente olefinas i -C_4 e I-C_5. O rendimento da fração propano-propileno, consistindo principalmente de propileno, é de 11-12% . Ao mesmo tempo, o processo produz ~25% em peso do componente de alta octanagem da matéria-prima da gasolina automotiva , tendo um índice de octanas de 85-89p. de acordo com o método motor em sua forma pura.

A opção de combustível visa obter um isocomponente de alta octanagem da gasolina para motores ou produzir gasolina de alta octanagem. Quando vendido, obtém-se 30-35% do isocomponente de alta octanagem, com índice de octanas de 86-88p. de acordo com o método do motor na forma pura ou ~50% de gasolina para motor com índice de octanas de 83 pp .

A base fundamental do esquema de processo proposto é o processamento de matérias-primas frescas em reatores com um fluxo ascendente de catalisador contendo zeólita terminando em um fluxo semi-passante.

Com base na versão petroquímica do processo, foi desenvolvido um esquema abrangente de processamento de frações de petróleo com o processo principal de isomerização destrutiva, a fim de organizar a produção em larga escala de borracha de isopreno.

O certificado do autor da URSS para este processo foi recebido em 1975. / 13/ Para efeito de comparação, gostaria de observar que as empresas líderes dos EUA na área de craqueamento catalítico receberam uma patente para um processo semelhante apenas em 1990-1992.

Como resultado do estudo do papel das propriedades estruturais da superfície do catalisador zeólito, foi revelado que a reação destrutiva de isomerização ocorre de forma mais seletiva em zeólitas "U" com a participação dos centros B e L , a contribuição predominante para o O processo é feito por centros de forças B "fortes" e "médios". Aparentemente, a reação de divisão ocorre inicialmente nos centros L. Neste caso, em centros L "fracos" contendo íons Al^{+e} em estados de agrupamento, ocorre predominantemente a clivagem das ligações CC intermediárias. A quebra de ligações CC terminais é possível com a participação de centros L "fortes" ./ 14,15.16/

As olefinas resultantes sofrem transformações adicionais nos centros B. A participação dos centros B no início da formação de íons carbono não pode ser excluída, uma vez que a destruição das parafinas ocorre na presença de olefinas formadas durante a decomposição térmica com a participação de centros doadores e aceitadores de um elétron. A isomerização de carbocátions secundários é energeticamente favorável e ocorre predominantemente com a participação de centros B de força "média". Foi estabelecida uma correlação linear satisfatória entre as concentrações de produtos de isomerização e centros ativos.

Com o objetivo de identificar a influência da natureza da matriz, das condições de sua formação e da influência na atividade e seletividade dos catalisadores híbridos, suas características estruturais porosas e espectro de acidez, a atividade da zeólita tipo "U" introduzida no a composição de vários silicatos metálicos foi estudada. Foi revelada a relação entre a evolução dos sítios ácidos e as mudanças na natureza e concentração dos componentes iniciais, bem como a sua influência na formação da área superficial específica e na atividade do catalisador. /15-16/

Esses estudos foram realizados sob a liderança de M.I. Rustamov, G.T. Farkhadova, e durante este período, nos processos de craqueamento catalítico e isomerização destrutiva, o INHP foi reconhecido como a organização líder não só na URSS, mas também nos países. da Europa Oriental no âmbito da cooperação entre as Academias de Ciências dos países socialistas e o acadêmico Rustamov M.I. foi eleito coordenador internacional./ 22-23/

Requisitos ambientais promissores para a gasolina para motores estimularam o desenvolvimento de uma versão petroquímica do craqueamento catalítico e agora, em todo o mundo, está sendo levantada a questão de reaproveitar parte do craqueamento catalítico para a produção de hidrocarbonetos de baixo peso molecular, e na Finlândia está sendo desenvolvida uma refinaria de petróleo complexo já foi lançado com a operação de uma unidade de craqueamento catalítico no modo de isomerização destrutiva.

As pesquisas sobre a intensificação do processo de craqueamento catalítico para melhorar a qualidade da gasolina produzida levaram à criação de uma tecnologia para a produção de gasolina automotiva sem chumbo AI-93 no próprio processo de craqueamento catalítico ./ 20-21/

A essência da tecnologia desenvolvida é um craqueamento catalítico em dois estágios de destilação a vácuo com e sem enxofre, com retirada e separação independente dos produtos de cada estágio e fornecimento da fração não sulfurosa para o segundo estágio. - 195 ou n.k. - 270°C desde a primeira etapa do processo.

A criação do processo foi precedida de um estudo dos seus fundamentos científicos - estudos detalhados dos padrões de transformação das diversas classes de hidrocarbonetos na composição da gasolina do craqueamento catalítico (Etapa I) e da influência mútua da sua relação quantitativa na formação de o número total de octanas. O trabalho foi realizado sob a supervisão de M.I. Rustamov e A.D. Guseinova. /20-21/

Devido ao fato de que, dependendo da estrutura e do conteúdo dos compostos organossulfurados, os produtos petrolíferos foram submetidos à dessulfurização em graus variados, foram realizados estudos sobre o mecanismo de remoção de diversas classes de compostos de enxofre da gasolina. Como resultado, foram estabelecidos os principais fatores de dessulfuração da gasolina durante sua atualização catalítica . Em particular, foi estabelecido que a decomposição de compostos de enxofre e a sua redistribuição entre os produtos da atualização catalítica ocorrem de forma mais eficiente se a gasolina contiver compostos de enxofre alifáticos. O aumento da temperatura do processo, no caso do enxofre mercaptano na gasolina, contribuiu para uma melhor dessulfuração da gasolina, e no caso de conter outras classes de compostos de enxofre (sulfetos, dissulfetos, tiofeno, etc.), pelo contrário, tornou a dessulfurização mais difícil.

Os dados obtidos são explicados por um mecanismo de dois estágios para remoção de compostos de enxofre da gasolina nas condições de seu contato com a superfície de um catalisador de aluminossilicato.

Como resultado de estudos de craqueamento catalítico de decapagem a vácuo sulfurosa, foi selecionado um modo ideal que garante a produção de gasolina AI-93 de alta octanagem com o teor de enxofre exigido, segundo GOST, sem o uso de hidrotratamento. /21,22/

Devido à natureza promissora do processo de coqueamento, muita atenção tem sido dada à possibilidade de processamento eficiente da gasolina coqueada no processo de atualização catalítica. Como resultado da pesquisa, foi identificada a possibilidade de aumentar o índice de octanas da gasolina de coque em 10 pontos no processo de sua atualização em um catalisador contendo zeólita e na produção da gasolina comercial A-76 a partir dela. Também foi estabelecida a possibilidade de envolver gasolina de coque na preparação da gasolina AI-93 durante o refinamento catalítico de uma mistura de gasolina de coque e craqueamento catalítico, tomada na proporção de 1:6.

a possibilidade de obtenção de gasolina AI-93 utilizando a tecnologia desenvolvida a partir de destilados a vácuo de óleos de diversas áreas (Mangyshlak, sulfuroso turcomano, etc.), bem como por meio do craqueamento catalítico direto de óleo combustível e petróleo bruto.

Com a deterioração da situação ambiental, os requisitos para a qualidade da gasolina continuam a tornar-se mais rigorosos.

Novas exigências estão associadas à necessidade de alterar a composição química da gasolina e produzir gasolina que contenha teor limitado de hidrocarbonetos aromáticos e insaturados e que proporcione aumento na proporção de compostos contendo oxigênio.

Pesquisa nesta direção, conduzida sob a liderança de M.I. Rustamov, G.T. Farkhadova e A.D. Guseinova , levou à criação de um processo combinado de craqueamento catalítico e atualização em baixa temperatura de gasolinas secundárias pelo contato direto de suas frações estreitas com álcoois monohídricos em catalisadores contendo zeólita. Foi demonstrado pela primeira vez que ao realizar o processo em zeólitas, paralelamente à formação de uma série homóloga de éteres alquílicos terciários, ocorrem reações de isomerização estrutural e esquelética de n-olefinas, ou seja, alquilação. Na composição da gasolina oxigenada aumenta o teor de hidrocarbonetos com características de maior octanagem . /22/

A reação prossegue de acordo com o mecanismo do íon carbono com a participação dos centros B e L , e a contribuição dos centros L para a atividade catalítica total é significativamente maior e chega a 70-80 %.

Os ésteres resultantes são homogeneizadores e permitem a inclusão de quantidades significativas de metanol livre na composição da gasolina.

Refira-se que, ao contrário de todos os outros processos de finalidade semelhante, em que uma melhoria na qualidade da gasolina é acompanhada por uma diminuição dos seus recursos, o processo de atualização a baixa temperatura é, talvez, o único em que uma melhoria na qualidade da gasolina é acompanhada por um aumento nos seus recursos devido a matérias-primas alternativas.

Um dos principais objetivos do processo de craqueamento catalítico é aprofundar o refino do petróleo. Nesse sentido, têm sido realizados estudos de craqueamento catalítico de óleo combustível e petróleo bruto em reatores com fluxo ascendente e semi-passante de catalisador.

O trabalho nesta direção foi realizado sob a liderança de M.I. Rustamov, E.M. Seid-Rzaeva, G.T.

Foi estudado e desenvolvido um processo menos intensivo em capital para craqueamento catalítico de óleo em um reator com fluxo ascendente de catalisador, permitindo a produção de mais de 70% de combustíveis leves para motores com menor número de etapas tecnológicas.

Foi desenvolvida a base científica para várias opções de processamento de matérias-primas de petróleo pesadas em um catalisador finamente disperso, o que garante uma alta profundidade de seu processamento e a produção de uma quantidade significativamente maior de produtos petrolíferos leves.

Foram exploradas opções tanto para o envolvimento direto de resíduos de petróleo pesado nas matérias-primas do craqueamento catalítico como para o pré-refinamento dos mesmos em catalisadores de contato inertes recentemente desenvolvidos, elevando a sua qualidade aos requisitos das matérias-primas tradicionais do craqueamento catalítico.

Pela primeira vez, novos catalisadores contendo contato para o processamento de matérias-primas de petróleo pesado foram sintetizados e estudados, a relação entre as características estruturais dos catalisadores sintetizados e sua atividade e seletividade no processo de atualização catalítica e craqueamento foi estabelecida, e o a influência desses fatores na química e no mecanismo do processo foi estudada. Foi estabelecido que o processo de conversão de óleo e óleo combustível em catalisadores sintetizados (Etapa I) garante sua modernização, reduzindo o teor de nitrogênio, enxofre, substâncias asfálticas - resinosas e metais pesados (Ni, V) aos padrões exigidos para vácuo despojamento. Com base nisso, um processo para processamento de óleo combustível em 2 estágios em variantes para produção de gasolina e óleo diesel e um esquema abrangente para processamento de petróleo bruto sem resíduos foram desenvolvidos usando catalisadores sintetizados.

Pela primeira vez, foi realizado um conjunto de estudos para estabelecer os padrões de craqueamento de gasóleos de vácuo de diferentes profundidades de seleção na presença de ativadores e sem eles.

Foi revelada a influência de ativadores de várias naturezas sob condições ideais na intensidade das reações individuais.

Utilizando um complexo de métodos físico-químicos de análise, incluindo espectrais (IR, PMR, ESR, etc.), foi revelada a influência da ciclicidade dos hidrocarbonetos aromáticos contidos na composição dos aditivos ativadores na eficiência de sua ação no processo de craqueamento catalítico. , expresso no aumento do rendimento da gasolina e na diminuição do rendimento do coque. Foram reveladas as propriedades bifuncionais do antimônio sintetizado contendo poliarileno no processo de craqueamento catalítico de gasóleo a vácuo com óleo combustível. Foi estabelecido que sua quantidade ideal, juntamente com as propriedades de passivação e redução de coque, ajuda a aumentar o número de octanas da gasolina e a aumentar a pós-combustão de CO em CO_2 durante o processo de regeneração. Com base no estabelecimento de padrões gerais de ação de ativadores em um sistema catalítico disperso complexo e nos principais indicadores de craqueamento catalítico de matéria-prima de petróleo pesado, uma abordagem integrada do catalisador e da matéria-prima do processo com posições para regulação de transições de fase em sistemas dispersos, o que permite prever e intensificar o processo de processamento de matéria-prima pesada de petróleo.

Numerosos estudos têm sido realizados para estudar a influência dos aditivos ativadores e passivadores nos padrões de craqueamento de resíduos de petróleo pesado .

A eficácia destes últimos foi demonstrada, mas o mecanismo de sua ação permanece controverso.

A pesquisa na área de hidrocraqueamento de diversas matérias-primas de petróleo desempenhou um papel importante no desenvolvimento de esquemas complexos para o processamento de matérias-primas de petróleo pesadas. Esses estudos foram realizados sob a liderança de M.I. Rustamov e Kh.I.

Como resultado desses estudos, um catalisador eficaz foi sintetizado pela introdução de Ni em uma zeólita contendo aluminossilicato, que opera de forma estável em pressões relativamente baixas e garante a conversão eficaz de matérias-primas de diversas composições químicas fracionadas.

Os trabalhos na área do hidrocraqueamento desenvolveram-se - essencialmente nas seguintes áreas:

- hidrocraqueamento de frações pesadas de gasolina direta de baixa octanagem e frações de gasolina de coque para obter um isocomponente de alta octanagem da gasolina AI-93 sem usinas termelétricas e matérias-primas para petroquímica - isobutano e isopentano;

- hidroisomerização da gasolina do craqueamento catalítico para melhorar a estabilidade e aumentar suas características de octanagem;

- hidrocraqueamento de gasóleos de craqueamento catalítico a uma pressão de 7 e 1 MPa para produção de gasolina, combustíveis para aviação e diesel;

- hidrocraqueamento leve sob pressão de 5 MPa de destilados a vácuo de óleos com baixo teor de enxofre e enxofre para obtenção de óleo diesel de verão e matérias-primas com baixo teor de enxofre para craqueamento catalítico;

- hidrocraqueamento leve de uma mistura de destilado a vácuo com gasóleo leve de coque, gasóleo pesado de coque , gasóleo leve de craqueamento catalítico e gasóleo pesado de craqueamento catalítico, a fim de obter gasóleo de verão e matéria-prima com baixo teor de enxofre para craqueamento catalítico;

- hidrocraqueamento leve a uma pressão de 7 MPa de frações residuais pesadas de óleo combustível, alcatrão (após desasfaltagem preliminar com propano) em mistura com extração a vácuo para obter óleo diesel de verão e matérias-primas com baixo teor de enxofre para craqueamento catalítico e óleos de alto índice.

O processo de produção de hidrocarbonetos isoparafínicos utilizando o catalisador desenvolvido recebeu patentes dos principais países capitalistas dos EUA, Inglaterra, França, Canadá, Alemanha e Japão.

a influência da composição química nos resultados do hidrocraqueamento de matérias-primas pesadas.

Utilizando espectrometria de massa e espectroscopia UV, foi estabelecido que sob condições de hidrocraqueamento leve a reatividade dos hidrocarbonetos aromáticos é muito baixa. Sua transformação ocorre principalmente pelo desprendimento das cadeias laterais. Destes, apenas os compostos policíclicos sofrem hidroclivagem superficial. Nos hidrogenados, em comparação com a matéria-prima, o teor de alquilbenzenos muitas vezes até aumenta devido ao fato de sua formação ser a etapa final da decomposição parcial das partes saturadas de hidrocarbonetos aromáticos semi-hidrogenados mais complexos e compostos heteroorgânicos com maior peso molecular peso.

Foi revelado que no processo de hidrocraqueamento leve ocorrem principalmente reações de destruição de parafinas e hidrocarbonetos naftênicos policíclicos, como resultado durante o hidrocraqueamento leve de matérias-primas destiladas. Um baixo teor de hidrocarbonetos aromáticos garante a produção de óleo diesel. O rendimento do óleo diesel no processo de hidrocraqueamento leve aumenta à medida que diminui o teor de hidrocarbonetos aromáticos e resinas na matéria-prima, o que indica o efeito inibitório desses compostos.

A fim de aumentar a estabilidade do catalisador Ni-Al-Si-ro contendo zeólita sintetizado, o desenvolvimento de um processo de hidrocraqueamento leve de matérias-primas pesadas foi realizado sobre um catalisador de duas camadas usando um catalisador de hidrotratamento industrial (Al-Co-Mo) e zeólito contendo Ni - Al - como camada superior Catalisador de hidrocraqueamento Si - ro como camada inferior. O teste de um sistema de carregamento de catalisador de duas camadas em uma planta piloto no processo de hidrocraqueamento leve de matérias-primas pesadas por 6.000 horas mostrou sua atividade alta e estável.

Foi estabelecido que com hidrocraqueamento leve de decapagem a vácuo e suas misturas com frações secundárias de gasóleo em um catalisador Ni-Al-Si contendo zeólita, o rendimento do combustível diesel de verão de acordo com GOST 4749-49 é de 38-41% por peso com rendimento residual de fr.>360 °C - matérias-primas de alta qualidade para craqueamento catalítico 56-58% em peso.

Com base nas pesquisas realizadas, são recomendados esquemas de processamento profundo de óleo combustível, incluindo hidrocraqueamento leve de decapagem a vácuo e sua mistura com frações de **gasóleo** de craqueamento catalítico e coque, misturas de decapagem a vácuo com alcatrão desasfaltado , óleo combustível desasfaltado em zeólita- contendo catalisador Ni - Al - Si .

Falando dos trabalhos realizados na área do craqueamento catalítico, não posso deixar de me debruçar sobre os estudos da relação entre as propriedades superficiais dos catalisadores contendo zeólita, o coque e a influência deste fator na atividade e seletividade do processo de craqueamento catalítico. . O trabalho foi realizado sob a orientação de Rustamov M.I., Farhadova G.T. , Saidova A.A., Amirbekov E.N. Uma particularidade dos estudos realizados foi o estudo desses padrões nos primeiros segundos de contato da matéria-prima com o catalisador, quando este apresenta atividade máxima, bem como o estudo da dinâmica das mudanças na morfologia do resultante Coca. Como resultado dos estudos, foi estabelecida uma correlação entre a atividade, a seletividade e o espectro de acidez dos catalisadores contendo zeólita durante o período inicial de coqueificação do catalisador. Neste caso, a natureza diferente da mudança na capacidade de craqueamento, desproporção e isomerização do catalisador no período inicial de deposição de coque está associada ao grau desigual de bloqueio dos centros B e L de resistência variável por depósitos de coque.

Utilizando os métodos de análise elementar, EPR, espectroscopia de infravermelho e microscopia eletrônica, foi revelado que no processo de deposição de coque, os locais ácidos "fortes" responsáveis pela decomposição e reações de formação de coque são mais intensamente bloqueados, a concentração de ácido "médio" Os locais responsáveis pelas reações de isomerização diminuem com a deposição de coque muito mais lentamente, e os locais ácidos "fracos", principalmente responsáveis pela isomerização espacial, estão presentes na superfície do catalisador mesmo quando ele está completamente preenchido com depósitos de coque.

À medida que o coque se acumula no catalisador, a concentração de centros paramagnéticos e a razão C:H aumentam , ou seja, desidratação do coque, que é consequência da desproporção do hidrogênio entre as moléculas de coque e os produtos da reação. Assim, durante o processo de coqueamento, o coque, estando empobrecido em hidrogênio, fornece-o simultaneamente à zona de reação.

É por isso que para que ocorram reações de desproporção é necessário um certo teor de produtos de compactação quimicamente adsorvidos na superfície do catalisador.

Os resultados obtidos permitiram modelar o catalisador ao longo da altura de um reator de passagem única com fluxo ascendente de catalisador e regular as propriedades superficiais do catalisador por meio de sua coqueificação.

Como resultado do estudo da morfologia dos depósitos de coque, constatou-se que à medida que aumenta o tempo de contato do catalisador com o hidrocarboneto, compostos aromáticos estáveis e de maior peso molecular crescem na composição dos depósitos de coque, representados no período inicial de deposição de coque por estruturas estáveis de polieno e produtos de compactação menos estáveis de natureza aromática. Foram reveladas diferenças na gênese dos depósitos de coque, associadas à ocorrência de formação de coque por dois mecanismos: desidrogenação da molécula original nos centros L e o mecanismo de protonação de olefinas nos centros B "fortes".

Reimpressões das publicações deste trabalho foram solicitadas por todos os países desenvolvidos do mundo /22/.

Os resultados obtidos serviram de base científica para a criação de uma tecnologia de processamento de gasolina instável sobre catalisador parcialmente coqueado no processo de craqueamento catalítico. Esses estudos foram realizados por M.I. Rustamov, G.T. Farkhadova e E. R. Babaev.

Foi estabelecido que o contato de gasolinas instáveis com um catalisador parcialmente coqueado garante seu processamento eficiente sem afetar os principais parâmetros operacionais do craqueamento catalítico.

Durante o processo de atualização, a quantidade de hidrocarbonetos insaturados na gasolina é reduzida devido às reações de redistribuição do hidrogênio. A isomerização estrutural e espacial de hidrocarbonetos parafínicos e olefínicos leva a um aumento em sua composição de hidrocarbonetos com característica de maior octanagem.

Os padrões identificados foram confirmados durante o processamento do pirocondensado no complexo de craqueamento catalítico G-43-107.

Muita atenção foi dada à intensificação do processo de regeneração do catalisador coqueado. Isto foi conseguido através da regeneração de catalisadores coqueados na presença de promotores para conversão de monóxido de carbono em dióxido. Ao mesmo tempo, são eliminadas as emissões nocivas de monóxido de carbono na atmosfera. O principal componente dos promotores que receberam vendas industriais é a platina, um eficaz "agente oxidante". Devido à sua grande escassez e alto custo, com o objetivo de reduzir e posteriormente eliminar a platina da composição de promotores, têm sido realizados estudos sobre a atividade oxidativa de sistemas de óxido de platina e sistemas puramente óxidos baseados em metais de valência variável (Cu, Co , Cr, etc.) durante o processo de regeneração do catalisador coqueado. Utilizando o método desenvolvido, foi determinada a atividade dos promotores nas reações acopladas de queima de coque da superfície do catalisador e queima de monóxido de carbono em dióxido sob condições dinâmicas. A influência dos promotores em ambos os processos que ocorrem no volume e na superfície das partículas vizinhas do catalisador foi revelada.

Isso, aparentemente, pode ser explicado pelo "salto" dos íons de oxigênio, instáveis na fase gasosa, para a rede cristalina do coque, onde são estabilizados, principalmente se levarmos em conta que em altas temperaturas a taxa de transições mútuas aumenta muito. .

Com base na natureza da ação catalítica, foram identificados três grupos de promotores:

- promotores que queimam CO em CO2, $_{mas}$ não afetam a taxa de queima do coque da superfície do catalisador coqueado. São recomendados para uso no processo de craqueamento catalítico de matérias-primas tradicionais - gasóleo a vácuo;

- promotores que queimam CO em CO_2 e aceleram a queima do coque da superfície do catalisador coqueado. A sua utilização é aconselhável tanto no craqueamento de gasóleo de vácuo como de gasóleo de vácuo com ponto de ebulição aumentado. No primeiro caso, a utilização de promotores - aumentará a produtividade e eliminará o fornecimento de lodo ao regenerador. No segundo caso, permitirá o processamento de matérias-primas pesadas em instalações industriais existentes sem a sua reconstrução;

- promotores que aumentam a queima de coque da superfície do catalisador coqueado e aumentam o teor de CO nos gases de combustão em comparação com a amostra não promovida. O uso desses promotores é recomendado no processamento de matérias-primas pesadas de petróleo. Neste caso, a profundidade necessária de regeneração do catalisador é alcançada e, devido à remoção de uma grande quantidade de CO pelos gases de combustão, é garantido um regime de temperatura normal e equilibrado do regenerador sem a instalação de quaisquer sistemas de remoção de calor no mesmo. Neste caso, o monóxido de carbono deve ser queimado em catalisadores remotos.

Ao longo deste tempo, muita atenção tem sido dada à criação de novos métodos e instalações laboratoriais, à sua unificação e replicação.

Gostaria de observar que criado por acad. MI Rustamov desenvolveu uma instalação piloto de laboratório que permite estudar as leis do processo de craqueamento catalítico nas condições dinâmicas de um reator conjugado e regenerador com pequenas cargas de catalisador, cujo análogo existe apenas nos EUA.

O trabalho do Instituto na área do cracking catalítico é protegido por numerosos certificados de direitos autorais, publicados na imprensa republicana e estrangeira, e relatados em simpósios e conferências internacionais .

Esses resultados foram obtidos principalmente por funcionários do instituto, que posteriormente se agruparam no laboratório de craqueamento catalítico e pirólise, organizado em 1967 por M.I.

O processo de craqueamento catalítico, sendo um dos processos de refinação de petróleo mais antigos, continua a ser ao mesmo tempo um dos processos mais jovens, em constante desenvolvimento e melhoria, cujo estudo abrangente abre novas formas de seu aperfeiçoamento e utilização.

Num breve ensaio, tentei destacar o "ontem" e o "hoje" do cracking catalítico. Qual é o "amanhã" deste processo cujas possibilidades são inesgotáveis?

No futuro, o papel da opção petroquímica aumentará, sem dúvida, e parte do cracking catalítico será reaproveitada para a produção de hidrocarbonetos de baixo peso molecular.

Um dos problemas será o envolvimento de matérias-primas mais pesadas no processo, o que exige o desenvolvimento de catalisadores multifuncionais especiais e a execução do processo em condições de milissegundos.

Uma vez que os saltos "qualitativos" no desenvolvimento do processo de craqueamento catalítico estão inextricavelmente ligados ao uso de catalisadores qualitativamente novos, muita atenção dos pesquisadores será dada à criação de novos catalisadores. Um dos principais requisitos para eles será reduzir a intensidade energética do processo.

Atualmente, estão sendo realizadas pesquisas sobre uma nova geração de catalisadores obtidos pela deposição de complexos metálicos na superfície do óxido de alumínio por método crioquímico. Catalisadores deste tipo - reduzem significativamente a temperatura na qual as ligações C – C são destruídas e permitem evitar a agregação de centros ativos na superfície. A destruição de hidrocarbonetos e frações técnicas de petróleo em baixa temperatura na presença de hidrogênio à pressão normal foi realizada usando catalisadores metálicos suportados operando por mais de um ano sem regeneração. A utilização destes catalisadores permitirá criar uma geração fundamentalmente nova de tecnologia de craqueamento catalítico.

Será dada muita atenção à compatibilidade ambiental do processo. Nessa posição, são de grande interesse as pesquisas realizadas no Instituto sobre as leis do processo na presença de dióxido de carbono, que desempenha o papel tanto de agente oxidante fraco quanto de agente de transporte no processo.

Um aspecto da melhoria do processo será o uso eficiente de todos os produtos produzidos por craqueamento catalítico para obter produtos comercializáveis que atendam a padrões promissores. Atualmente, estão em andamento trabalhos para processar refluxos leves e pesados do craqueamento catalítico.

Uma das direções para intensificar o processo é a utilização de matérias-primas alternativas, cujas reservas são inesgotáveis (por exemplo, metanol) e a criação de um processo termoneutro combinando reações endo e exotérmicas de mesma finalidade em um reator.

Muita atenção nestes estudos é dada à criação de catalisadores contendo zeólitos multifuncionais. A pesquisa nesta direção tornou possível desenvolver um método para introduzir funções alvo na "memória " do catalisador e introduzir uma função adicional nas vagas livres do catalisador.

BIBLIOGRAFIA

1. Aliev V.S., Indyukov N.M., Efimova S.A., Goncharov M.A., Sidorchuk I.I., Craqueamento catalítico em leito fluidizado. Baku - 1962., 5-11 p., 30-41 p.

2. Aliyev V.S. , Rustamov M.I., Pryanikov E.I., Estado atual e formas de intensificar o processo de craqueamento catalítico Azerneshr. 1966, 5-15 pág.

3. Gutyria V.S. Processos catalíticos em refino de petróleo e petroquímica, Kyiv Naukova Dumka 1968, p.

4. Kon M.Ya., Zelkind E.M., Shershun V.G.. Indústria petroquímica de refino de petróleo no exterior Moscou " Química" 1968, 100-111 p.

5. ManafSüleymanov.Eşitdiklərim, oxuduqlarım, gördüklərim.Bakı-1989,64-80 s.

6. ƏjdərXəlilov.Azərbaycanınkimyaaləminəsəyahət.s.

7. Rustamova M.I. Produção catalítica de combustíveis para motores de alta qualidade. Baku "ELM" 2006. Volume 1.

8. Rustamova M.I. Produção catalítica de combustíveis para motores de alta qualidade. Baku "ELM" 2006. Volume 2.

9. Rustamov M.I., Aliev V.S., Guseinova A.D., Askerzade S.I., Produção de gasolina AI-93 por refino catalítico de gasolina de craqueamento catalítico em um catalisador de aluminossilicato contendo zeólita. Indústria petrolífera do Azerbaijão 1974. N° 5, pág . 76-77.

10. Rustamov M.I., Aliev V.S., Guseinova A.D., Askerzade S.I., Produção de gasolina AI-93 de alta octanagem por atualização catalítica de

gasolina de craqueamento catalítico em um catalisador de aluminossilicato contendo zeólita. Indústria petrolífera do Azerbaijão. 1974. Nº 7, pp .

11. Kardash M. M. Sobre a questão do desenvolvimento de equipamentos e tecnologia de refino de petróleo no Azerbaijão. Tese .trabalho . 1970. pág. 7-30.

12. Nigurenko V.M. História do desenvolvimento da pesquisa na área de produção de hidrocarbonetos de petróleo. Dis \.work . 1981.

13. Aliev V.S., Rustamov M.I. Certificado do autor nº 161842.

14. Rustamov M.I., Aliev V.S., Guseinova A.D., Askerzade S.I., Abadzade Kh.I. Produção de gasolina de alta octanagem AI-93 por atualização catalítica de gasolina de craqueamento catalítico em catalisador de aluminossilicato. ANH. Nº 6, 1972. p. 32-34

15. Química e tecnologia de combustíveis e óleos: 1985 nº 2, 1986 nº 9, 1987 nº 7, 1988 nº 4, nº 5, 1991 nº 5, nº 8

16. Dokl. UM Az. SSR 1983 nº 4, 1984 nº 4, 1986 nº 4, 1989 nº 1.

17. AkademikYusifMəmmədəliyev "AzərbaycanEnsiklopediyası", Nəşriyyat-Poliqrafiyabirliyi. Bakı-1996, səh 52-53.

18. Ashurbeyli Sarah. História da cidade de Baku. A idade média. Associação de Publicação e Impressão do Estado do Azerbaijão . Baku-1992. c.104-109 e c . 224-232.

19. Aliev V.S., Pryanikov E.I., Aliev Z.E., Kabanova M.S., Indyukov N.M. Intensificação do craqueamento catalítico da decapagem a vácuo. No livro: "Formas de intensificar os principais processos da indústria de refino de petróleo em relação às perspectivas de seu desenvolvimento". M.: TsNNITZneftegaz. 1964. pág. 240-253.

20. Rustamov M.I., Aliev V.S., Guseinova A.D., Askerzade S.I., Abadzade H.Y. Produção de gasolina AI-93 por atualização catalítica de craqueamento catalítico em um catalisador de aluminossilicato contendo zeólita. Indústria petrolífera do Azerbaijão. 1974. Nº 5, pág. 36-37.

21. Rustamova M.I. , Aliev VS, Guseinova AD, Askerzade SI, Abadzade HY. Produção de gasolina AI -93 de alta octanagem por atualização catalítica de craqueamento catalítico em um catalisador de aluminossilicato contendo zeólita. Indústria petrolífera do Azerbaijão. 1974. Nº 7, pág. 32-34.

22. Carro-chefe da ciência petroquímica. Baku - "Olmo" - 1999.p. 250-279

23. Problemas de refino de petróleo e petroquímica nas obras do acadêmico M.I. Associação de publicação e impressão "Enciclopédia do Azerbaijão" Baku-2000.p.61-83

MIX
Papier aus verantwortungsvollen Quellen
Paper from responsible sources
FSC® C105338

Printed by Books on Demand GmbH, Norderstedt / Germany